Swasti Sthapak

Turismo religioso e patrimonial em Chhattisgarh

Swasti Sthapak

Turismo religioso e patrimonial em Chhattisgarh

Estudo de caso - Rajim

ScienciaScripts

Imprint

Any brand names and product names mentioned in this book are subject to trademark, brand or patent protection and are trademarks or registered trademarks of their respective holders. The use of brand names, product names, common names, trade names, product descriptions etc. even without a particular marking in this work is in no way to be construed to mean that such names may be regarded as unrestricted in respect of trademark and brand protection legislation and could thus be used by anyone.

Cover image: www.ingimage.com

This book is a translation from the original published under ISBN 978-620-2-08091-0.

Publisher:
Sciencia Scripts
is a trademark of
Dodo Books Indian Ocean Ltd. and OmniScriptum S.R.L publishing group

120 High Road, East Finchley, London, N2 9ED, United Kingdom
Str. Armeneasca 28/1, office 1, Chisinau MD-2012, Republic of Moldova, Europe
Printed at: see last page
ISBN: 978-620-8-06246-0

ÍNDICE DE CONTEÚDOS

Capítulo 1

Introdução

1.1 Introdução

O turismo é um conjunto de actividades, serviços e indústrias que proporcionam uma experiência de viagem, incluindo transportes, alojamento, estabelecimentos de restauração e bebidas, lojas de retalho, empresas de entretenimento, instalações para actividades e outros serviços de hospitalidade prestados a indivíduos ou grupos que viajam fora de casa. O turismo desempenha um papel importante na criação de emprego, no desenvolvimento de zonas remotas e no desenvolvimento socioeconómico das populações.

O sector do turismo tem vindo a gerar um volume impressionante de emprego e é também um dos principais geradores de divisas. O desenvolvimento desta indústria depende da qualidade do ambiente e da disponibilidade de instalações e comodidades, que são da maior importância, uma vez que as pessoas esperam uma atmosfera ambiente. Consequentemente, a acessibilidade, o alojamento e a recreação são os três factores essenciais que contribuem em grande medida para o desenvolvimento do turismo. O potencial do turismo interno cresceu substancialmente nos últimos anos devido ao aumento dos níveis de rendimento e ao aparecimento de uma classe média urbana dinâmica com hábitos de consumo mais elevados.

Reconhecendo a importância do turismo como instrumento de desenvolvimento económico, o governo deve elaborar uma política global de turismo. Em consequência da reestruturação económica e da liberalização das políticas, a indústria do turismo foi declarada como um sector prioritário para o investimento estrangeiro. Embora a Índia tenha potencialidades para se tornar o primeiro destino no circuito turístico, a falta de empenhamento e a alteração das políticas estão a causar obstáculos. O turismo tem de receber o estatuto de principal motor económico da Índia e tornar-se uma prioridade nacional. A Índia recebe apenas 2,6 milhões de chegadas de estrangeiros por ano e a sua quota nas chegadas de turistas a nível mundial tem-se mantido constante nos 0,40%. O número de indianos que viajam para o estrangeiro é muito superior ao número de turistas estrangeiros que chegam ao país. Por outro lado, o turismo interno cresceu a passos largos, passando de 64 milhões para 176 milhões, mas o gasto médio dos indianos é muito inferior à média mundial, que é de aproximadamente 10% em viagens e turismo. A média indiana, que é de 4,6%, está a aumentar lentamente, o que fará com que a Índia seja o país com maior crescimento da procura turística no mundo. As despesas públicas na Índia representam apenas 0,9% das suas despesas totais em viagens e turismo, em comparação com outros países, que variam entre 5-15% das despesas totais. As infra-estruturas importantes de que depende diretamente o desenvolvimento do turismo podem ser enumeradas do seguinte modo

- Ligações ferroviárias, rodoviárias e aéreas
- Comunicação
- Alojamento
- Rede de informação turística

1.2 De seguida, são abordados vários tipos de turismo possível em todo o mundo:

1.2.1 Turismo religioso -

As peregrinações criaram uma variedade de oportunidades turísticas no período medieval e, mesmo no turismo moderno de hoje, constituem um importante fluxo de turismo.

1.2.2 Turismo de saúde -

Embora o turismo de saúde já existisse muito antes, ganhou importância durante o século XVIII. Este turismo está associado a spas, locais com águas minerais benéficas para a saúde, que tratam doenças como a gota, doenças do fígado e bronquite. Uma vez que vários médicos salientaram os benefícios dos banhos de mar e dos banhos de mar, também estes se tornaram parte do turismo de saúde.

1.2.3 Turismo de inverno -

Os desportos de inverno contribuem para o turismo de inverno. Existem muitos pacotes de férias para desportos aquáticos em muitos países, para além das excursões organizadas anualmente no âmbito dos festivais de esqui e de neve. O esqui é extremamente popular nas zonas montanhosas. Os festivais de esqui têm uma variedade de eventos, como competições de esqui e de trenó, aulas de esqui e de snowboard, espectáculos e actividades recreativas. A maioria dos participantes nos eventos é oriunda de países com um clima quente.

1.2.4 Turismo de massas -

As viagens em massa são possíveis graças aos progressos tecnológicos que permitem o transporte de um grande número de pessoas num curto espaço de tempo para locais de interesse de lazer. Desta forma, um maior número de pessoas pode usufruir dos benefícios dos tempos livres. Com o aumento da velocidade dos caminhos-de-ferro, as melhores opções de viagens marítimas e o aumento do número de serviços de transporte aéreo melhorados, as viagens em massa cresceram e desenvolveram-se a nível internacional.

1.2.5 Nicho de turismo -

O turismo de nicho orientado para a atividade física ou para o desporto inclui o turismo de aventura, como o montanhismo e as caminhadas (tramping), o turismo de mochileiros, as viagens desportivas para praticar golfe e mergulho ou assistir a um evento desportivo e o turismo radical para pessoas interessadas em actividades de risco. Existem muitos tipos de turismo de nicho.

1.2.6 Turismo do património cultural-

(ou apenas turismo patrimonial) é um ramo do turismo orientado para o património cultural do local onde se realiza o turismo. O National Trust for Historic Preservation nos Estados Unidos define o turismo patrimonial como "viajar para conhecer os locais e as actividades que representam autenticamente as histórias e as pessoas do passado" e o turismo do património cultural é definido como "viajar para conhecer os locais e as actividades que representam autenticamente as histórias e as pessoas do passado e do presente".

O património, o turismo e o desenvolvimento estão intimamente ligados. O "património" funciona como um recurso para o "turismo", que, por sua vez, é um recurso para o desenvolvimento económico. O património de uma zona inclui os sítios arqueológicos e históricos, os estilos arquitectónicos distintivos, a dança, o teatro e a música locais, os festivais, as artes e ofícios e os sistemas de valores. Quando o património tem valores religiosos associados, dá origem a um tipo de turismo diferente, designado por turismo de património religioso. Trata-se de um fenómeno frequente na Índia. Na sua maioria, estes sítios têm histórias mitológicas associadas. O turismo de património religioso é importante por várias razões: tem um impacto económico e social positivo, estabelece e reforça a identidade, ajuda a preservar o património religioso, tendo a religião como instrumento. Facilita a harmonia e a compreensão entre as pessoas, apoia a cultura e ajuda a renovar o turismo.

Na Índia, o Ministério do Turismo é a agência nodal para formular políticas e programas nacionais para o desenvolvimento e a promoção do turismo. Neste processo, o Ministério consulta e colabora com outras partes interessadas do sector, incluindo vários ministérios/agências centrais, os governos estaduais e os territórios da união e os representantes do sector privado. Estão a ser envidados esforços concertados para promover novas formas de turismo, como o turismo rural, de cruzeiro, médico e ecológico.

De acordo com o Conselho Mundial de Viagens e Turismo, a Índia será um ponto de atração turística de 2009 a 2018, com o maior potencial de crescimento a 10 anos. O Travel & Tourism Competitiveness Report 2007 classificou o turismo na Índia em sexto lugar em termos de competitividade de preços e em 39.º lugar em termos de proteção e segurança. Apesar dos contratempos a curto e médio prazo, como a escassez de quartos de hotel, prevê-se que as receitas do turismo aumentem 42% até 2017. A rica história da Índia e a sua diversidade cultural e geográfica fazem com que o seu turismo internacional seja atrativo e diversificado. Apresenta um turismo patrimonial e cultural, bem como um turismo médico, empresarial e desportivo. A Índia tem um dos maiores sectores de turismo médico e de crescimento mais rápido.

1.3 Chhattisgarh:

Chhattisgarh, situado no coração da Índia, é dotado de um rico património cultural e de uma atraente diversidade natural. O Estado está repleto de monumentos antigos, vida selvagem rara, templos primorosamente esculpidos, sítios budistas, palácios, cascatas, grutas, pinturas rupestres e planaltos. A maior parte destes sítios estão intocados e inexplorados e oferecem uma experiência única aos turistas. Nos tempos antigos, Chhattisgarh era a região conhecida como Dakshin Koshal, que é mencionada tanto no "Ramayana" como no "Mahabharata". Ao longo do tempo, foi governada por uma sucessão de dinastias hindus, que lhe deixaram um legado de templos, desde modestos a imponentes. Em todas as partes do Estado, foram encontrados locais de património budista. Chhattisgarh possui vários locais/monumentos importantes do património. Bhoramdeo, Rajim, Sirpur, Tala, Malhar Sheorinarayan, Bishrampur e Champaranya são locais privilegiados para o turismo patrimonial. As festas como Dusshera em Bastar, Madai em Dantewada e Narainpur, Bhoramdeo Samaroh e Rajim Kumbh são boas atracções turísticas.

Em Chhattisgarh, o turismo tem um enorme potencial inexplorado para gerar emprego e assegurar um fluxo constante de rendimentos, para além de proteger o património. É necessário identificar os locais de importância para o património religioso no Estado, identificar as rotas turísticas e definir orientações para o desenvolvimento de infra-estruturas de promoção do turismo.

Os benefícios diretos que podem ser obtidos através do desenvolvimento do turismo no Estado são os seguintes

- Podem ser criadas novas oportunidades de emprego, resultando num aumento das actividades económicas no Estado.
- Podem ser criados novos mercados para os produtos locais.
- Podem ser melhoradas as infra-estruturas, as instalações e os serviços comunitários.
- Tal contribuirá para uma maior sensibilização e proteção do ambiente e da cultura.
- Podem ser geradas receitas adicionais através do turismo.

É evidente que o desenvolvimento do turismo pode desempenhar um papel significativo no desenvolvimento e no crescimento económico do Estado. A ecologia e a economia, incluindo o turismo, estão cada vez mais interligadas numa teia de causa e efeito. Por conseguinte, para ser sustentável do ponto de vista económico, o turismo deve ser sustentável do ponto de vista ambiental. Pode ser um fator importante na conservação dos recursos patrimoniais, ajudar a justificar a conservação e, de facto, subsidiar os esforços de conservação.

O desenvolvimento do turismo exige um equilíbrio judicioso entre conservação e desenvolvimento. É necessário envidar esforços para manter o equilíbrio através de restrições de planeamento e da educação das pessoas para que apreciem o seu rico património e obtenham a sua cooperação para o preservar e desenvolver. É necessário promover um turismo sustentável do ponto de vista económico, cultural e ecológico no Estado.

Assim, torna-se imperativo desenvolver orientações políticas, propostas e recomendações necessárias para desenvolver o turismo do património religioso no Estado de Chhattisgarh. Esta tese é uma tentativa de abordar vários aspectos do desenvolvimento do turismo no Estado.

Capítulo 2

Identificação de sítios de importância religiosa no Estado

2.1 História de Chhattisgarh

A história de Chhattisgarh remonta a dezenas de milhares de anos. Os antropólogos encontraram provas de algumas das mais antigas habitações humanas nas rochas e grutas desta terra antiga. Embora a história mitológica da região de Chhattisgarh remonte ao período do Ramayana e do Mahabharata, o indício mais antigo da era histórica é uma inscrição em pedra de Ashokan de 257 a.C. em Rupnath, a norte de Jabalpur.

Figura 1 Templo típico de Chhattisgarhi

De acordo com as lendas, as regiões da floresta do Sal profundo são a própria Dandakaranya, onde o Senhor Rama passou grande parte do seu exílio de catorze anos em Ayodhya. Mas, independentemente de tudo isto, a história ininterrupta de Chhattisgarh ou Kosala do Sul só pode ser traçada a partir do século IV d.C. Entre os séculos VI e XII d.C., os governantes Sarabhpurias, Panduvanshi, Somvanshi, Kalchuri e Nagvanshi dominaram esta região. No período medieval, a região passou a ser conhecida como Gondwana e tornou-se parte do reino dos Kalchuris, que governaram a região até ao final do século XVIII d.C. Os cronistas muçulmanos do século XIV d.C. descreveram bem as dinastias que governaram a região. A região também ficou sob a suserania do Império Mughal por volta do século XVI e, mais tarde, dos Marathas, em 1745. Em 1758, toda a região de Chhattisgarh foi anexada pelos Marathas, que saquearam impiedosamente os seus recursos naturais. Também a palavra "Chhattisgarh" foi popularizada durante o período Maratha, tendo sido utilizada pela primeira vez num documento oficial em 1795. Com a entrada dos britânicos no início do século XIX, grande parte do território foi integrado nas Províncias Centrais. A partir de 1854, os britânicos administraram a região sob a forma de uma comissão adjunta com sede em Raipur.

Chhattisgarh também participou na Revolução de 1857, quando Vir Narayan Singh, um senhorio de

Sonakhan, desafiou as injustiças do domínio britânico na região. Após uma prolongada batalha contra as forças britânicas, Vir Narayan Singh foi finalmente preso e enforcado em 10 de dezembro de 1857. No ano de 1904, os britânicos reorganizaram a região e transferiram Sambalpur para Orissa e acrescentaram as propriedades de Surguja a Chhattisgarh.

A unidade do Congresso de Raipur, na reunião do Congresso do distrito de Raipur, em 1924, levantou pela primeira vez a exigência de um Estado separado para Chhattisgarh. Houve um consenso geral quanto ao facto de a região de Chhattisgarh ser cultural e historicamente distinta do resto do Madhya Pradesh e dever ser reconhecida como tal, mas tal não se concretizou. Após a independência da Índia, a exigência de um Estado separado ressurgiu de novo e, em 1955, foi levantada na assembleia de Nagpur do então Estado de Madhya Bharat. E, finalmente, o sonho de um Estado separado de Chhattisgarh tornou-se realidade quando foi declarado o 26º Estado da Índia a 1 de novembro de 2000.

2.2 Caraterísticas fisiográficas:

O Estado de Chhattisgarh tem a forma de um cavalo marinho. As principais componentes fisiográficas são as planícies da bacia de Mahandi, ladeadas por planaltos e colinas de Dandakaranya e Northern Hills. Globalmente, a área assemelha-se a um vale muito amplo que corre de oeste para leste, com um declive muito suave para leste. O território continental de Chhattisgarh é constituído por três regiões fisiográficas principais:

Tabela 1 Regiões fisiográficas.

Physiographic Region	Approximate % of Geographical Area.
Mountains	27.50%
Plateau And Pat Regions	29.29%
Plains / River Basins	43.21%

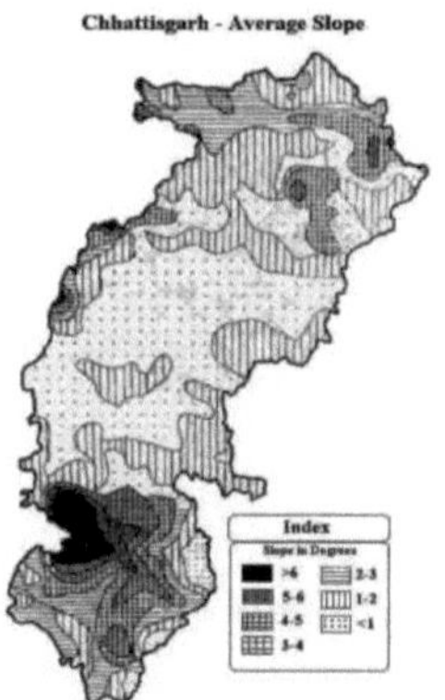

Figura 2 Declive médio do terreno em Chhattisgarh.

2.3   Regiões fisiográficas de Chhattisgarh

2.3.1 Montanhas

- Cordilheira de Maikal (distritos de Rajnandgaon, Kawardha e Bilaspur)
- Colinas de Chhuri-Udaipur (distritos de Korba e Raigarh)
- Colinas de Changbhakhar-Devgarh (distritos de Koriya e Surguja)
- Abujhmad Hills (tehsils de Narayanpur, Bijapur, Bhopalpattnam e Pakhanjur)

2.3.2. Regiões do planalto e da Pat

- Regiões Pat (distritos de Surguja e Jashpur)
- Planalto de Pendra-Lormi (tehsils de Lormi, Pendra Road, Kota e Pandaria)
- Dhamtari-Mahasamund Uplands (Saraipali, Mahasamund, Kasdol, Nagri,
- Gariyabandh, Devbhog, Kurud e Dhamtari tehsils).
- Durg Uplands (distritos de Rajnandgaon e Durg)
- Planalto de Bastar / Planalto de Dandakaranya (Kanker, Bastar e Dantewaradistt.)

2.3.3. Planícies / Bacias hidrográficas

- Bacia do Kanhar
- Bacia do Rihand
- Bacia do Surguja
- Bacia de Hasdo-Rampura
- Bacia de Korba
- Bacia de Raigarh
- Planícies de Bilaspur-Raigarh
- Planícies de Sarangarh
- Planícies de Durg- Raipur

- Bacia do Kotri
- Planícies de Bastar

2.4. Infra-estruturas e conetividade.

A infraestrutura turística em Chhattisgarh foi avaliada tendo em conta a conetividade dos transportes, como caminhos-de-ferro, estradas e aeroportos, e o alojamento.

2.4.1 Estradas

As principais cidades e vilas de Chhattisgarh estão ligadas a outras partes do país através da NH 6, NH16 e NH 43. Chhattisgarh tem 2228 quilómetros de estrada nacional, o que representa 6% do total da infraestrutura rodoviária do Estado; há 3213 quilómetros (9%) de estrada estatal, 4814 quilómetros (13%) de estradas distritais principais e 25811 quilómetros (72%) de outras estradas distritais no Estado.

O comprimento da rede rodoviária estatal por categoria (km) é apresentado no quadro:

Quadro 2 Situação das auto-estradas e estradas em Chhattisgarh.

Type of Roadway	Kilometres	%
National Highway	2228	6%
State Highway	3213	9%
Major District Roads	4814	13%
Other District Village Road	25811	72%
Total	36066	

Figura 3 Estradas de Chhattisgarh

Para satisfazer as necessidades crescentes dos Estados, a Autoridade Nacional das Auto-estradas da Índia (NHAI) está a planear desenvolver cinco projectos de auto-estradas nacionais, num total de 450 km, através da participação do sector privado.

2.4.2 Caminhos-de-ferro.

A rede ferroviária total em Chhattisgarh é de 1180 quilómetros, dos quais quase 861 quilómetros são de via electrificada. Reconhecendo o potencial de tráfego relacionado com a indústria mineira e metalúrgica no Estado, os caminhos-de-ferro indianos criaram uma nova zona denominada South-East Central Railway, com sede em Bilaspur.

"Chhattisgarh at a glance", Direção de Economia e Estatística, www.descg.gov.in

Figura 4 Caminhos-de-ferro de Chhattisgarh

2.4.3 Aeroportos.

Chhattisgarh tem um aeroporto em Raipur, a capital do Estado. Raipur tem ligações aéreas com Nova Deli, Mumbai, Calcutá, etc. O Estado dispõe de aeroportos e pistas de aterragem mais pequenos em Sarangarh, Jagdalpur, Bhilai, etc.

Figura 5 Aeroportos de Chhattisgarh.

2.4.4 Alojamento.

A situação do alojamento é avaliada com base na seguinte repartição das estatísticas do turismo indiano (2009) do Ministério do Turismo.

Quadro 3 Disponibilidade de alojamento em Chhattisgarh (hotéis, quartos)
Fonte: India Tourism Statics 2009, de acordo com os dados disponíveis em 2008

State/Place	5 Star -Deluxe	5-Star	4- Star	3- Star	2- Star	1- Star	Appt. Hotel	Time Share	Heritage	Un- classified	Total
Durg	-	-	-	1	-	-	-	-	-	-	1
	-	-	-	54	-	-	-	-	-	-	54
Jagdalpur	-	-	-	1	-	-	-	-	-	-	1
	-	-	-	14	-	-	-	-	-	-	14
Raigarh	-	-	-	1	-	-	-	-	-	-	1
	-	-	-	55	-	-	-	-	-	-	55
Raipur	-	-	-	1	1	-	-	-	-	-	2
	-	-	-	24	13	-	-	-	-	-	37
Total No. of hotels	0	0	0	4	1	0	0	0	0	0	5
Total No. of Rooms	0	0	0	147	13	0	0	0	0	0	160

Disponibilidade de alojamento em Chhattisgarh (Hotéis,Quartos)

As observações a partir dos dados acima são as seguintes:

- O número máximo de hotéis é da categoria de 3 estrelas.
- Chhattisgarh não dispõe de hotéis nas categorias de luxo, tais como 5 estrelas Deluxe e 5 estrelas.
- As principais cidades, como Bilaspur, Ambikapur, Jagdalpur, etc., que possuem vários locais de interesse turístico, não dispõem de quaisquer instalações de alojamento.

2.5 Património cultural de Chhattisgarh

Chhattisgarh, um pequeno paraíso no centro da Índia, não é apenas conhecido pela sua excecional beleza paisagística, mas a região tem também uma história própria. Famosa pelas suas populações tribais únicas e variadas, incluindo as mundialmente famosas tribos Gonds da região de Bastar, Chhattisgarh possui um rico património cultural que remonta a milhares de anos. Chhattisgarh tem a sua própria forma única de danças, música, crenças religiosas (cada tribo tem os seus próprios deuses), gastronomia, festivais tribais e muito mais, oferecendo um destino cultural com uma diferença. O Festival de Dusshera em Bastar é famoso em toda a Índia e celebrado pelas tribos com grande fanfarra.

O Chhattisgarh é também conhecido pelos seus monumentos arquitectónicos ricos e únicos, incluindo templos, grutas e palácios, que dão uma ideia do rico património cultural da região. Há uma série de locais importantes do património que podem ser visitados na sua viagem cultural a Chhattisgarh. Bhoramdeo, Dantewada, Deepadih, Dongargarh, Jogibhatta, Rajim, Sirpur, Malhar, SitaBhengra e Sheorinarayan são os principais locais de turismo patrimonial em Chhattisgarh. Vale a pena visitar as pinturas rupestres das montanhas de Singhanpur, SitaBhengra e Kabra na sua visita cultural a Chhattisgarh.

Chhattisgarh é também rico em artes e ofícios. As tribos de Bastar foram das primeiras a trabalhar com metal na Índia. As figuras de madeira de deuses, animais, candeeiros a óleo, carrinhos e mobiliário de bambu, peças de barro feitas pelas tribos são muito famosas e vale a pena comprar lembranças.

2.6 Possibilidades de turismo do património religioso em Chhattisgarh

Chhattisgarh tem imensas possibilidades de crescimento no sector do turismo, com um vasto património cultural e religioso e atracções naturais variadas. Isto,

juntamente com as suas diversas tradições, estilos de vida variados, património cultural e feiras e festivais coloridos, constituem uma atração irresistível para os turistas.

O quadro seguinte apresenta uma visão global do Estado:

Quadro 4: Chhattisgarh num relance.

Formed in	November 1, 2000, as India's 26 th state, carved out of Madhya Pradesh.
Location	Central India.
Bordered by	Bihar, Jharkhand and Uttar Pradesh (north) Andhra Pradesh (south) Orissa (east) Madhya Pradesh (west)
Area	135,133 sq km (45% densely forested)
Population	20,795,956
Literacy	65%
Sex Ratio	990 females per 1000 males (the second-best sex ratio of any state in india, after Kerala)
Capital	Raipur.
National Parks	03

Wildlife Sanctuaries	11
Minerals	Iron Ore, Coal, Bauxite, Timber, Tin (found only in Chhatisgarh), Gold, Limestone, Dolomite, Diamond, Manganese, Korandum, Quartz.
Industries	Steel, Aluminum, Cement, Thermal power.
Important Rivers	Mahanadi, Indravati, Shivnath, Hansdeo, Arpa, Pairi, Kharoon, ManiyariJonk, Shabri, Dankini-Shankini, Mand, Tandula, Ib, Kotri.
Water bodies/dams	Gangarel (RavishankarSagar), Mooramsilli, Dhudhawa, Sikasar, Sondhur, Pairi, Hansdeo-Bango, Kodar, Jonk, Arpa, Maniyari, Khutaghat, Tandula, Kharkhara, Saroda, Banki, Jhumka.
Waterfalls	Chitrakote, Tirathgarh, Kanger, Gupteshwar, Malajkundam, SaatDhara, Ranidah, Rajpuri, Kendai, Tata Pani, DameraTamdaGhumar, MendriGhumar.
Wildlife	Tiger, Leopard, Wild Boar, Cheetal, Langoor, Rhesus Monkey, Barahsinga, Sambhar, Bison, Wild Buffalo, Civet Cat, Bear.
Crops	Rice, Sugarcane, Banana, Pulses, Wheat.
Forest Produce	Teak, Sal, Bamboo, Sheesham, Mahua, Tamarind, Haldu, Saja, Sheesham, Various Herbs.
Religions	Hinduism, Islam, Christianity, Tribal.

Religions	
Fairs	BastarDussera, Narayanpur, Dantewada, Ramaram, Ma Bambleshwari, Ratanpur, Shivrinarayan, Sihawa, Bhoramdeo, Girodhpuri, Damakheda, RjimKumbh.

2.7 Peregrinação religiosa em Chhattisgarh

Chhattisgarh é um dos estados mais jovens da Índia. Durante o período anterior, este Estado era designado por "DakshinKosala". No ano 2000, em 1 de novembro, Chhattisgarh foi formado com Raipur, que é a capital. Diz-se que o Estado pertence a "36 estados principescos desta província". Esta região estava separada dos outros estados centrais da Índia, mas tinha várias atracções turísticas que a tornaram o local mais visitado. Há inúmeras atracções que vale a pena ver e experimentar em Chhattisgarh. Este estado é a primeira escolha dos turistas para passarem umas férias maravilhosas, onde podem testemunhar as danças, a cultura, os trajes, a peregrinação, os fortes e os palácios, as feiras e as festas de Chhattisgarh, e muito mais. Os turistas vêm de todo o mundo, onde podem conhecer a tradição e a religião da Índia, onde se reflecte um pouco sobre Chhattisgarh.

O antigo estado de Chhattisgarh está entre os principais destinos de peregrinação no centro da Índia. Importantes locais religiosos pertencentes a várias religiões estão espalhados por todo o estado. São organizadas muitas feiras à volta destes locais religiosos, especialmente durante o Dussehra, o Navaratri e outros importantes festivais hindus. Durante essas alturas, as cidades e vilas do estado mergulham num fervor religioso que atrai turistas e devotos do estado e do resto do país. Alguns dos principais destinos de peregrinação em Chhattisgarh incluem Bhoramdeo, Rajim, Sirpur, Tala, MalharSheorinarayan, Bishrampur e Champaranya, que são locais privilegiados para o turismo patrimonial. As festas como Dusshera em Bastar, Madai em Dantewada e Narainpur, BhoramdeoSamaroh e RajimKumbh são boas atracções turísticas.

Todo o local de peregrinação acima mencionado é o mais famoso e vale a pena visitá-lo durante uma viagem ao estado de Chhattisgarh, na Índia. Os devotos que acreditam na espiritualidade e nos rituais da religião hindu vêm aqui para adorar as divindades que residem neste local. Vale a pena visitá-los não só para adorar o poderoso deus e a deusa, mas também pela sua estrutura arquitetónica e esculturas na superfície da parede do templo. São a principal atração que atrai a atenção de turistas de diferentes regiões e países.

Alguns dos principais destinos do turismo de peregrinação são:

2.7.1 Bilaspur:

A cidade de Bilaspur está situada no distrito de Bilaspur. Os locais de peregrinação são:

- Mallhar (Sarvanpur): Fica a 14 kms de Bilaspur. Este lugar tem muitos templos, como o templo PataleshwarKedar que tem *como* principal atração *GomukhiShivlingas*, o templo Dideneswari e o templo Deor.
- Belpan: É conhecida pelo seu *Kundand Samadhi.*
- KabirChabutra: Situa-se a 41 kms de Bilaspur. Este local é conhecido pelo grande santo *Kabir.*

2.7.2 Sheorinarayan

Situa-se a 70 kms da cidade de Bilaspur. É um local religioso importante para as populações de Chhattisgarh e Orissa. Sheorinarayan recebeu o nome lendário de *Shabri,* uma mulher tribal que serviu o Senhor Ram quando ele passou por este lugar durante os seus 14 anos de exílio. Três rios, *Mahanadi, Shivnath e Jonk, encontram-se* neste local: *Nar Narayan, Keshav Narayan* e *LakhanshwarTemple.*

2.7.3 Ambikapur:

Ambikapur está situada no distrito de Sarguja. É conhecida como a cidade-templo de Chhattisgarh. Há muitos destinos de peregrinação em Ambikapur, como o Templo de Shivpur, o Templo de Buda, as Grutas de Kailash e Ramgarh&SitaBenger.

2.7.4 Rajim

Rajim é uma pequena cidade situada a 35 quilómetros de Raipur. É famosa pelo seu rico património cultural e pelos seus belos templos antigos. É também chamada *"Prayag"* de Chhattisgarh porque é um ponto de encontro de três rios - Mahanadi, Pairy e Sondhu. A principal atração de Rajim é o Templo Rajivlochana, dedicado ao Senhor Vishnu.

Figura 6 Templo de Rajivlochan, Rajim.

2.7.5 Champaran

Figura 7 Portão de entrada, Champaran

Champaran é uma aldeia do distrito de Raipur, situada a 60 km de Raipur. É o local de nascimento de São Vallabhacharya. Também se realiza uma feira anual, no mês de *Magh (janeiro - fevereiro)*.

2.7.6 Sirpur:

Sirpur está localizado nas belas margens do rio Mahanadi, a cerca de 50 km de Raipur, no distrito de Mahasamund. Este local tem um famoso Templo de Laxman. A escavação de Sirpur levou à descoberta de diversos locais e objectos, tais como 12 BuddhaViharas, Jain Viharas, estátua monolítica do Senhor Buda e Mahavir Jain, 22 ShivTemple, 5 Vishnu Temple, inscrições em pedra e cobre e centenas de estátuas.

Figura 8 Templo de Laxman, Sirpur

2.7.7 Dongargarh:

Dongargarh é uma cidade do distrito de Rajnandgaon. Fica a cerca de 40 kms de Rajnandgaon e a 67 kms de Durg. O famoso templo de Dongargarh é MaaBambleshwari, localizado no topo de uma colina de 1600 pés. O aeroporto mais próximo de Dongargarh é o de Raipur, que fica a 110 km de distância, e a estação ferroviária mais próxima é a de Dongargarh.

Figura 9 Templo de Dongargarh.

2.7.8 Dantewada:

Localizada no distrito de Dantewada, Dantewada tem o nome da divindade que preside a cidade, *"MaaDanteshwari"*. Acredita-se que Dantewada seja um dos 52 *Shakti Pithas* sagrados *da* mitologia hindu.

2.7.9 Girodpuri:

Girodhpuri é um centro de peregrinação no distrito de Raipur. Situa-se a 135 kms de Raipur. É famosa por ser o local de nascimento de *Satnamisaint Ghasidas,* que lutou contra os males sociais e defendeu a igualdade social e o desenvolvimento.

2.7.10 Fingeshwar:

O templo está situado na aldeia de Fingeshwar, a 25 km de Rajim, na estrada Rajim-Mahasamund, e a 73 km da cidade de Raipur.

PhanikeswarnathMahadevamandir é um dos cinco templos sagrados de Mahadeva de Rajim-PanchkoshiyaParikrama. A linga de Shiva, denominada PhanikeshwarNath, está instalada no santuário do templo principal, que está virado para leste. A sua mandapa tem dezasseis pilares. A moldura da porta, construída em pedra, contém as imagens de Nadi Devi. Este templo foi construído no século XIV. AD. Aparentemente, a mandapa com os dois santuários é um pouco posterior ao templo principal, onde se encontra o lingum sagrado. Este templo é um belo exemplar de templo.

Arquitetura: Fingeshwarnath, MahadevMandir e MawalimataMandir são alguns dos belos templos da aldeia de fingeshwar.

2.7.11 Arang

Situada na estrada de Sambalpur, a 36 km de Raipur. Arang é uma cidade antiga. Está também a desenvolver-se como um local turístico devido aos seus templos antigos. Alguns templos famosos são o templo de Bhandadeval, o templo de Baghdeval e o templo de Mahamaya. O templo de Bhandadeval, que data do século XI-XII, é um belo exemplo de arquitetura. Este templo tem três enormes ídolos feitos de pedra negra de Tirthankars Jainistas. O templo Mahamaya tem também três enormes ídolos de Tirthankars Jainistas e uma enorme pedra com todos os 24 Tirthankars. Outros locais a visitar são o templo de Danteshwari, o templo de ChandiMaheshwari, o templo de PanchamukhiMahadev e o templo de Panchamukhihanumman.

2.7.12 Palari

Este monumento está situado a 70 km de Raipur, na aldeia de Palari, na estrada Raipur-Baloda Bazar, na margem de Balsamundtalab. A data de construção do templo é de cerca de 7 a 8 séculos. Este templo construído em tijolo está virado para oeste. As deusas do rio, Ganga e Yamuna, estão de pé em tribhang mudra no batente da porta do templo, que está altamente decorado com representações de Trideva (Brahma, Vishnu e Shiva) e do casamento de Shiva. Está aqui instalado um Shiva Linga chamado "Siddheshwar". Este templo está decorado com motivos Kirtimukha e as figuras de elefantes, Ganesha e leões estão representadas na janela chaitya. Trata-se de um belo exemplar dos templos de tijolo existentes na região de Chhattisgarh.

2.7.13 Chandrakhuri :

Fica a 17 kms da autoestrada nacional, é o local de nascimento de kausalyamata, o templo fica no meio do sarovar (lago), as pessoas visitam-no pela ponte construída em 2001.

2.8 Feiras religiosas em Chhattisgarh

As feiras de Chhattisgarh são uma profusão de cores e estão repletas de vivacidade. As feiras podem ser uma mera ocasião de alegria baseada num tema religioso, mas, apesar disso, continuam a ser extremamente agradáveis. O povo de Chhattisgarh celebra todos os festivais e rituais com pompa e grandeza e proporciona uma excelente visão do diversificado legado tribal. Para além das paisagens divergentes e alucinantes das colinas e colinas cobertas de selva e dos vales fluviais verdejantes ladeados por riachos e ribeiros borbulhantes, vale certamente a pena assistir às suas festividades arquetípicas.

As grandiloquentes celebrações de Dussehra em Chhattisgarh são realizadas para prestar homenagem à profundamente venerada Deusa **Danteswari**. Para aumentar a diversão e a brincadeira, uma grande feira acompanha as celebrações festivas nas instalações do templo de Danteswari Devi em Jagdalpur.

2.8.1 Festival Bhagoriya

é outra cerimónia religiosa da tribo Bhil que é celebrada com entusiasmo no distrito de Jhabua, em Chhattisgarh. O **festival Chakradhar**, com as suas extravagâncias culturais, música e dança, é outra feira muito popular celebrada no distrito de Raigarh, que mantém viva a tradição iniciada por Maharaja Chakradhar Singh.

2.8.2 Festival BhoramdeoMahotsav

é celebrada principalmente todos os anos. Mas é geralmente celebrado no final do mês de março, ou seja, na última semana. Este festival de renome chama a atenção de miríades de turistas de todos os cantos do mundo, incluindo os restantes estados da Índia e também de outros países do mundo. Este estado é constituído por monumentos históricos e templos antigos que foram construídos em épocas anteriores. O Festival é celebrado nas instalações do antigo e religioso Templo de Bhoramdeo. O notável e maravilhoso templo é composto por numerosos tipos de actividades, entre as quais a mais significativa é o BhoramdeoMahotsav, que é organizado no santuário religioso. O estilo arquitetónico e a bela vista agradam aos olhos dos visitantes com prazer e encanto. Numerosas pessoas vibrantes e entusiastas vestem os seus trajes coloridos e testemunham este templo de arquitetura religiosa que é uma das maravilhas do estado de Chhattisgarh, na Índia.

2.8.3 Rajim Kumbh

RajimKumbh é uma peregrinação hindu que se realiza todos os anos em Rajim. Durante a feira, um grande número de pessoas e santos reúne-se em Rajim. Desde os tempos antigos que Rajim é um centro de peregrinação dos Vaishnaviitas (os seguidores do Senhor Vishnu). A acumulação de pessoas para realizar cerimónias religiosas aqui é conhecida como o atual "RajimKumbh", que era tradicionalmente "Punnimela", observado todos os anos. Numerosos pregadores religiosos e santos de todos os cantos do país participam no Rajimkumbha. Estes santos ficam alojados em cabanas especiais construídas em campos de areia, no meio do TriveniSangam. Os templos KuleshwarMahadev e Shri Rajiv Lochan são visitados pelas pessoas e são feitas oferendas. Os devotos tomam um banho sagrado no TriveniSangam. A feira é o local ideal para visitar e adquirir artesanato tradicional requintado que mostra o talento e a criatividade dos artesãos tribais.

2.9 Circuitos turísticos existentes

Os circuitos turísticos existentes no Estado podem ser definidos da seguinte forma (Fonte: Relatório intercalar sobre o circuito prioritário de Chhattisgarh apresentado ao CG Tourism Board):

* Raipur - Rajim - Champarannya -Arang
* Raipur - Dhamtari - Kanker - Keshkal - Kondagaon - Bastar - Jagdalpur
* Raigarh -Mainpat - Ambikapur - Janjgir - Champa - Ratanpur - Pali -Bilaspur- Achanakmar - Amarkantak

2.9.1 Observações:

* Existem alguns circuitos turísticos identificados como fechados e outros como abertos.

* Os circuitos acima referidos identificam claramente Raipur, Bilaspur, Raigarh e Jagdalpur como o principal nó para os turistas.

* A maioria dos circuitos necessita de instalações de pernoita no nó primário e secundário

O tipo de turistas que visitam um destino depende da natureza do destino. Estes podem ser classificados em turistas nacionais e internacionais. O tipo de turistas que visitam um destino depende da natureza do destino, que pode ser classificado em turistas nacionais e internacionais, o que afecta ainda mais o desenvolvimento físico e socioeconómico de um destino, uma vez que os padrões de despesa determinam os efeitos multiplicadores conexos. Do número total de turistas que visitaram Chhattisgarh em 2006, a percentagem de turistas nacionais foi de 99,8%. O número total de visitas de todos os turistas (nacionais e estrangeiros combinados) foi máximo em Raipur, seguido de Durg e Bilaspur. O número de visitantes diários por cada 100 turistas nacionais é de 221. Entre os turistas nacionais que ficaram alojados em unidades de alojamento, 70% ficaram em unidades de alojamento sem estrelas. Cerca de 4% ficaram em unidades de alojamento com estrelas e 12% ficaram em Dharamshalas. Entre os turistas estrangeiros, 44% ficaram em unidades de alojamento sem estrelas, 43% ficaram em casas de hóspedes ou bungalows turísticos e 9% ficaram em unidades de alojamento com estrelas.

Capítulo 3

Estudo de caso Rajim

3.1 Localização, história e importância regional

3.1.1 Localização

Rajim é uma pequena mas historicamente importante cidade de Chhattisgarh. Situada a apenas 45 km de Raipur, a capital de Chhattisgarh, Rajim é famosa pelo seu rico património cultural e pelos belos templos antigos. Cidade do distrito de Raipur, Rajim está situada a 20°57'54 "N81°52'54 "E, a uma altitude de 281 m acima do nível médio do mar. A autoestrada nacional 43 liga Rajim a Raipur. O aeroporto mais próximo é o aeroporto de Raipur.

3.1.2 História

Não é apenas a cidade mais sagrada, mas também uma das mais antigas de Chhattisgarh. Desde há muito que atrai historiadores, arqueólogos e viajantes, e continua a fascinar com o seu património cultural, histórico e social. J D Beglar visitou Rajim em 1871-72 e relatou as suas antiguidades. Não lhe foi permitido entrar no interior dos templos, pelo que o seu relato é muito limitado. Alexander Cunningham, que visitou Rajim em 1881-82, descreve-a em pormenor. Conta que Rajim era uma pequena aldeia com cerca de 3000 habitantes e o local mais sagrado de Maha-Kosala, atual Chhattisgarh. O templo de Rajiv-Lochan, o principal templo desta cidade, era visitado por peregrinos a caminho de Jagannath, em Orissa.

Richard Jenkins conta uma história sobre o nome Rajim. Quando Rama fez o seu ashvamedha, o rei Raju-lochana estava a governar Raju. Quando o cavalo do sacrifício chegou a Raju, o rei apoderou-se dele e entregou-o ao sábio Kardama. Shatrughna, que acompanhava o cavalo com o seu exército, tentou tirar o cavalo ao sábio Kardama, mas foi reduzido a cinzas por ele. Rama, ao ouvir a notícia da morte do seu irmão, chegou rapidamente a Raju. No entanto, o rei Raju-lochana encontrou-se com ele e obteve-lhe favores. Rama disse ao rei que existem duas divindades em Raju, Utpaleshvar Mahadev e Nilkantheshvar. No entanto, como Shiva e Vishnu são a mesma coisa, ele faria a sua morada aqui em adoração a Shiva. Rama ordenou ao rei que erguesse uma imagem em seu nome e lhe chamasse Raju-lochana. Além disso, agradou a Rishi Kardama e devolveu a vida a Shatrughna.

No entanto, esta história não é mencionada no Ramayana. Cunningham sugere que se trataria de uma invenção tardia dos brahmanas de Rajim para rivalizar com a reivindicação da antiga capital de Manipur, onde o cavalo ashvamedha de Yudhisthara foi capturado por Babhru- vahana. Nenhuma inscrição refere o nome Rajim, mas algumas inscrições mencionam o nome de um rei, Jagat Pal, cujo pai, Sahilla, era o chefe de uma raça chamada Rajamala. Cunningham sugere que a sua cidade seria Rajamalapuram, que mais tarde mudou para Rajam ou Rajim.

Rajim tem sido um centro de peregrinação para os seguidores do Vaishnavismo desde os tempos antigos. É também conhecido como centro Shaivdharma. O nome antigo deste local era Kamal-Kshetra ou Padmapur. O Senhor Vishnu é aqui venerado no templo de Rajiv Lochan. Os templos de Rajeshwar, Daneshwar e Ram Chandra são templos importantes do grupo, pois antigamente era uma estação de campismo na rota de peregrinação. O ritual de Kalpvas era efectuado em Rajim, tal como em Allahabad. Situado na margem direita do rio Mahanadi, Rajim foi outrora considerado um importante centro urbano na região de Mahakoshal.

3.1.3 Demografia

Rajim é uma área predominantemente rural, onde a proporção entre os sexos é aproximadamente igual, com as mulheres ligeiramente mais altas. A população de Rajim é de 167622, de acordo com o recenseamento de 2011. Os pormenores são apresentados no quadro seguinte:

Quadro 5 Quadro da população (Fonte: Censo da Índia 2011).

	Total	Male	Female
Total	167622	83562	84060
Rural	143778	71757	72021
Urban	23844	11805	12039

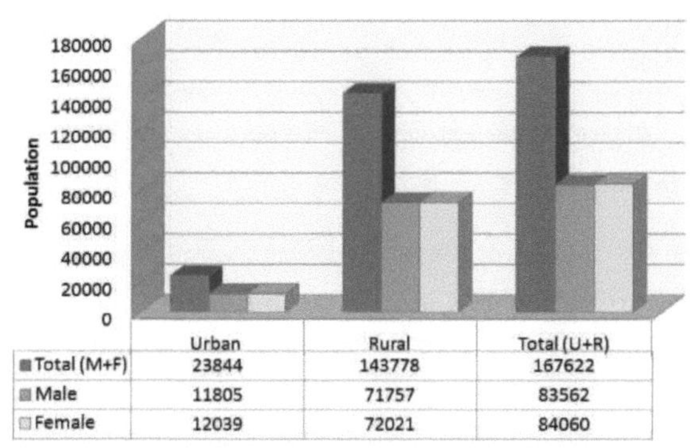

Gráfico 1 População de Rajim, Censos 2011

- Rajim registou um crescimento urbano de 15% nos últimos 10 anos.

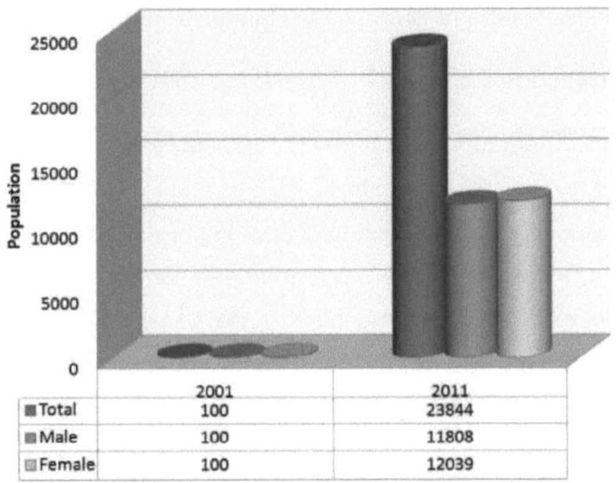

Gráfico 2 Dados demográficos de Rajim (população urbana).

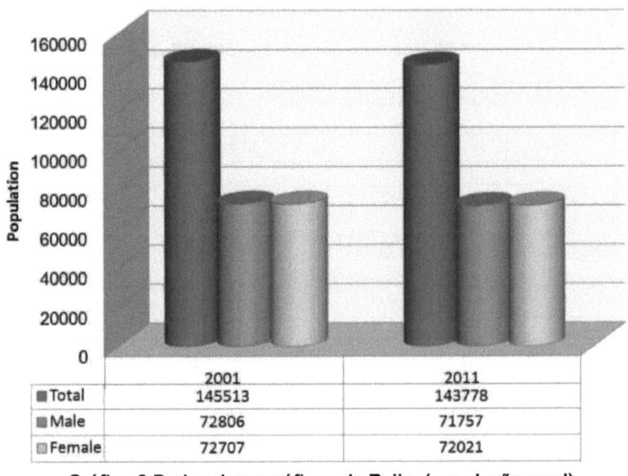

Gráfico 3 Dados demográficos de Rajim (população rural).

3.1.3 Crescimento da cidade:

Rajim cobre uma área de 474,13 km2. A população registou um crescimento de 15% na última década. Há um aumento significativo da população urbana.

3.1.4 Importância religiosa:

Local religioso de importância histórica, Rajim - a cidade-templo de Chhattisgarh - está situada na confluência de três rios: Mahanadi, Pairi e Sondhur. Muitas vezes chamada "Pragya ou TriveniSangam de Chhattisgarh", Rajim é uma cidade florescente do estado. Possui alguns templos excelentes, como Kuleshwar-Mahadev, Ramchandra, Bhuteshwar, Someshwar, etc., e atrai historiadores, arqueólogos, devotos, turistas, sábios e viajantes desde sempre. Ainda hoje continua a fascinar as pessoas com o seu património cultural, histórico e social. Rajim é famosa pelo seu rico património cultural e pelos seus belos templos antigos. Desde a antiguidade que é o pólo de atração religiosa de Chhattisgarh e é conhecida como a cidade dos templos. As pessoas acreditam que o sangam é um local sagrado para rituais após a morte, como o sharadh, o banho sagrado e muitos outros. Acredita-se que as pessoas têm os mesmos sentimentos religiosos em relação a este local e a Prayag. No local de sangam está situado o famoso templo Rajiv Lochan, onde se encontra a estátua do Senhor Vishnu, com quatro lados. Perto do templo Rajiv Lochan existem muitos outros templos como o templo Kuleshwar do século 9th , o templo PanchesshwarMahadev do século 14th .

As pessoas acreditam que a viagem de JaganathPuri não termina sem a viagem de Rajim. Para os rituais após a morte, Rajim é considerado em posição igual à de Kashi, prayag e Haridvar. Desde a antiguidade, existe uma tradição de feira religiosa de Maghpurmima a Mahashivratri.

3.2 Templos importantes em Rajim

Em Rajimtown há uma série de templos dedicados a várias divindades. Estes templos pertencem a diferentes épocas; a maior parte deles foi construída no século VIII ou no século XIV d.C.

3.2.1 Shri Rajiv LochanMandir :

Figura 10 Templo de Rajiv Lochan.

J D Beglar, que visitou Rajim em 1871-72, menciona uma tradição sobre o nome deste templo. Rajba era um telin (negociante de óleo) que costumava adorar Narayana regularmente. Por isso, o nome de Rajba telin é o primeiro a ser pronunciado quando se pronuncia o nome Rajiv-Lochan. Algumas autoridades disseram a Richard Jenkins que, antes do tempo de Rajib telin, Rajim era conhecido como Kamal-kshetra ou Padmapura.

Importância arquitetónica

O Templo de Rajeev Lochan tem uma importância arquitetónica significativa. É um dos mais importantes templos construídos em tijolo no século VIIIth .

A entrada principal para o complexo do templo é feita a partir de oeste, mas também existe uma pequena entrada a norte. Este pátio tem 147 pés de comprimento e 102 pés de largura. Existem cinco templos no interior do pátio, o templo principal central e quatro santuários nos quatro cantos. O santuário de Rajiv-Lochan situa-se no centro, o santuário de Narasimha no canto noroeste, o santuário de Badrinatha no canto nordeste, o santuário de Vamana no canto sudeste e um santuário de Varaha no canto sudoeste.

Figura 11 Entrada Oeste

Os santuários dos cantos são pequenos, com 12 pés e 4 polegadas de lado, e têm um shikhara semelhante ao do templo central. Todos os templos têm as suas respectivas divindades, exceto o santuário de Badrinath, que tem uma imagem de Vishnu. Estes santuários e o muro do complexo foram construídos muito depois da construção do templo principal.

A porta de entrada a oeste está fortemente entalhada, mas trata-se de uma construção posterior. A entrada forma dois compartimentos. Há cinco faixas no batente da porta, a primeira e a terceira têm imagens de casais, a segunda e a quarta têm decoração de folhagem e a quinta tem muitas figuras acrobáticas entremeadas com trepadeiras. No centro do lintel da porta encontra-se uma imagem de Sheshashai Vishnu. Surpreendentemente, esta imagem é uma obra-prima na sua categoria, uma vez que muitas das suas caraterísticas apontam para a manufatura Gupta. Logo abaixo da imagem central de Sheshashai Vishnu está colocada uma imagem de Gaja-Lakshmi. A aplicação de tinta e óleo danificou as caraterísticas originais da maioria das imagens desta porta. Há uma imagem de Buda colocada num canto da câmara interior. A população local identifica esta imagem de Buda com a imagem do rei Jagat Pal.

O templo principal, no centro, é composto por um garbha-griha (santuário), um antarala (vestíbulo) e uma mandapa oblonga. Normalmente, as mandapas quadradas dos templos são encontradas nos templos da época, mas neste templo existe uma mandapa oblonga. Esta caraterística pode ser considerada única na arquitetura da região de Maha-Kosala. O templo está virado para leste e está construído sobre uma jagati (plataforma) com 69 pés de comprimento e 43 pés de largura e uma altura de 8 pés. O templo, por cima deste jagati, tem 59 pés de comprimento e 25 pés de largura. A Mandapa tem 38 pés de comprimento e 17 pés de largura. A Mandapa está aberta apenas a norte e é acedida por dois lances de escadas, um a noroeste e outro no canto sudoeste. Ambas as escadas conduzem o visitante à extremidade ocidental da mandapa.

Figura 12 Narasimha sobre pilastra.

A Mandapa é suportada por doze pilares, em duas filas de seis pilares cada, e doze pilastras, seis de cada lado. Os pilares são quadrados lisos com ornamentação logo abaixo da zona do capitel. Todas as pilastras estão decoradas com estátuas em tamanho natural. No total, são doze imagens. Começando a sudoeste na parede sul, uma figura masculina com um punhal na cintura e um arco e flechas nos ombros, Cunningham sugere que poderá ser Rama. Segue-se uma mulher de pé sobre um pedestal de leão e dois kinnars voadores no topo. Segue-se um casal em que a mulher é mais alta do que o homem que a acompanha e está a segurar o pescoço do seu acompanhante de uma forma muito peculiar. Pensa-se que se trata de uma imagem de Sita, a mulher de Rama. No entanto, esta imagem representa também um casal amoroso, uma vez que o homem segura uma serpente, símbolo da sexualidade, e há também um papagaio sobre uma árvore, o que apoia ainda mais esta hipótese.

Segue-se uma estátua de Ganga sobre um makara e acompanhada por um assistente que segura um guarda-chuva. Segue-se uma estátua de Narasimha. Segue-se uma estátua de dvarpala. Agora, na parede norte, a partir de nordeste, a primeira estátua de dvarapala é semelhante à sua homóloga nas pilastras opostas. De seguida, está representada a encarnação de Varaha. A seguir, Yamuna, de pé sobre uma tartaruga. Segue-se uma estátua de uma mulher sobre um pedestal de leão onde estão esculpidos três leões. Segue-se uma imagem de Durga, que aparece com oito mãos e sentada sobre a sua montada, um leão. A última estátua de um homem com um punhal na cintura e montado numa carruagem com cinco cavalos. Cunningham sugere que poderá ser Surya.

Figura 13 Imagem de Vamana no sub-santuário de Vamana.

Figura 14 Shiva como Gajasamharamurti no sub-santuário de Badrinath.

O santuário tem um quadrado de 6 metros do lado de fora. Por cima deste quadrado ergue-se uma shikhara (torre) piramidal. Este shikhara consiste em quatro níveis com pequenos santuários em todos os cantos. Há quatro chaitya-niches de cada lado do shikhara. Existe um griva (pescoço) circular que se encontra por cima do quarto nível. Por cima desta griva há uma estrutura circular escalonada que é encimada por um amalaka. Por cima da amalaka encontra-se um remate. A altura deste remate é de cerca de 15 metros do solo.

Figura 15 Vishnu no lintel da porta do santuário.

Há uma imagem de pedra negra de Vishnu no interior do santuário. Ele transporta gada (bastão), shankha (búzio), chakra (disco) e lótus. No entanto, Rajiv-Lochana é um título do Senhor Rama, pelo que o nome atual do templo não é tão antigo como o templo. Há uma imagem de Garuda no lintel da porta do santuário, o que prova que o templo é dedicado a Vishnu.

Existem duas inscrições de fundação, uma na parede sul e outra na parede norte da mandapa. A inscrição na parede norte é datada do início do século VIII d.C. com base em estudos paleográficos. Refere a construção de um templo de Vishnu por um rei da dinastia Nala. Outra inscrição, na parede sul da mandapa, menciona a construção de um templo de Rama por Jagapala em 1145 d.C. Existe uma imagem de Vishnu no interior do santuário, pelo que o templo é dedicado a Vishnu e não a Rama, embora ambos representem o mesmo deus. Os estudiosos sugerem que a inscrição posterior deve referir-se a uma reparação efectuada por Jagapala e não a uma construção, uma vez que o templo já existia.

Há duas possibilidades: ou se parte do princípio de que Jagapala melhorou o templo construindo santuários subsidiários e um muro de contenção ou a placa de inscrição não fala do templo de Rajiv-Lochan mas de outro templo qualquer.

Figura 16 Inscrição de Jagat Pala

Inscrições nos pilares - Lista descritiva das inscrições nas Províncias Centrais e em Berar - várias inscrições de peregrinos estão registadas nos pilares deste templo. Videshaditya, Purnnaditya, Vakaradhavala, Bhagavati, Ratnapurushottama, Manadevi, Salonatunga são os vários nomes de peregrinos que se encontram nestas inscrições. No entanto, nenhum destes nomes tem qualquer valor histórico.

Figura 17 Templo de Rajeshvar.

3.2.2 Templo de Rajeshvar

Este templo, virado para leste, situa-se em frente à entrada ocidental do templo de Rajiv-Lochan. Tal como Rajiv-Lochan e outros templos em Chattisgarh, este templo também está construído sobre um jagati com 2 pés e 8 polegadas de altura. O templo é constituído por uma mandapa, uma antarala e uma garbha-griha. A mandapa, com 2,5 metros por 2,5 metros, é suportada por duas filas de pilares e uma fila de pilastras de cada lado. Ganga e Yamuna estão presentes em duas pilastras opostas na entrada. Também há estátuas noutras pilastras. O santuário do templo tem uma área de 3,5 metros quadrados do lado de fora. Do lado de dentro, é guardado por duas dvarpalas. No interior do santuário encontra-se um Shivalingam conhecido como Rajeshvar. Um Nandi está colocado num pequeno salão entre o santuário e a mandapa.

O templo é dedicado ao Senhor Vishnu e a sua estrutura é sustentada por doze colunas em forma de torre, bordadas com esculturas em pedra, que ostentam os rostos dos vários deuses da mitologia hindu. O templo é uma importante estrutura religiosa visitada por devotos de todo o mundo que chegam para oferecer as suas orações ao Senhor Vishnu. É um dos mais importantes templos construídos em tijolo no século VIII.[th] Este templo é dedicado ao Senhor Vishnu. O templo é dedicado ao Senhor Vishnu. Há esculturas de pedra intrincadas em todo o complexo, um reflexo da arte que floresceu no período pós-Gupta, na região. Há muitas semelhanças notáveis na construção e nas esculturas dos templos daqui com os de Khajuraho e Konark.

As belas esculturas de Vamana, Trivikrama e Narasimha são bastante impressionantes à vista. A moldura maciça da porta tem uma figura adormecida de Vishnu, com os seus assistentes a rodeá-lo, no seu lintel. É talvez uma das portas mais requintadas do mundo.

O templo de Rajiv Lochan tem várias caraterísticas únicas. Ao contrário de outros templos do país, apenas *os kshatriyas* foram empregues como *pujaris.* O ídolo da divindade do templo, o Senhor Vishnu, é feito num belo granito preto e está vestido com roupas não cosidas. O turbante do ídolo é tecido por uma família que o faz há muitas gerações. Curiosamente, o ídolo do Senhor Vishnu no templo Rajiv Lochan veste-se de forma diferente durante o dia para representar as diferentes fases da vida. De manhã, veste-se como uma criança, à tarde como um jovem e à noite como um velho.

3.2.3 Kuleshvara Mahadeva Mandir

Numa pequena ilha, mesmo no meio dos rios convergentes, encontra-se o templo de Kuleshvara, do século IX. Diz-se que o templo se torna inacessível durante a monção, quando os rios estão em abundância. O senhor Shiva de Kulleshwar é de tempos antigos. Pertence ao século 11th. Este templo permanece em glória mesmo no seu estado de ruína.

Figura 18 Templo de Kuleshwar Mahadev.

Inscrição no Templo de Kuleshvara -

datada do século IX d.C. com base em estudos paleográficos - Esta inscrição de 20 linhas está muito danificada. A menção de Srisangama encontra-se na linha 5, provavelmente referindo-se à confluência dos rios Pairi e Mahanadi.

Figura 19 Templo de Ramachandra.

3.2.4 Templo de Ramachandra

Este templo foi construído há cerca de 400 anos por Govind Lal, um banqueiro e comerciante de Raipur. Diz-se que foi construído com material trazido das ruínas dos templos de Sirpur. Muitos pilares têm estátuas em tamanho natural, como se vê no templo de Rajiv Lochan.

Figura 20 Shalabhanjika num pilar do Templo de Ramachandra.

Duas pilastras representam a estátua de Ganga, o que sugere que estas foram provavelmente trazidas de duas ruínas de templos diferentes, uma vez que nunca vimos nenhum caso em que Ganga ou Yamuna fossem representados duas vezes.

Inscrições

Numa das pilastras encontra-se uma pequena inscrição onde se lê Sri-Lokbala. Os caracteres utilizados são do século VIII-IX d.C.

Outros templos

Dedicados às várias encarnações do Senhor Vishnu, como *Vamana* e *Narasimha*, encontram-se nas proximidades do Rajiv LochanMandir. A estátua do Senhor Buda em posição meditativa sob a árvore Bodhi, esculpida em pedra negra, é também muito popular na cidade. Outra lenda sobre Rajim é que está situada sobre um lótus e é também conhecida *como Panchkashi*, pois tem cinco *shivalingams* nos diferentes templos. Todas as noites de lua cheia há uma ou outra celebração no complexo do templo. Os devotos transportam um mastro gigantesco decorado com fitas e festões coloridos. Acompanhados pelo som de tambores e de flautas, transportam-no para a margem dos rios e plantam-no nas areias quentes. Centenas de devotos fazem fila *para o darshan e* os tambores ressoam numa das extremidades da margem, onde algumas pessoas dançam. As festividades e a folia fazem parte do culto nesta Prayag de Chhattisgarh como Rajim. A cidade, que recebeu o nome de Rajimtelin, é também conhecida como Prayag da região.

Figura 21 Uma coluna no Templo de Ramachandra.

Condição climática

Rajim tem um clima tropical húmido e seco, as temperaturas permanecem moderadas durante todo o ano, exceto de março a junho, que pode ser extremamente quente. A temperatura em abril-maio, por vezes, ultrapassa os 48 °C (118 °F), e os meses de verão têm também ventos secos e quentes. A cidade recebe cerca de 1.300 milímetros de chuva, principalmente na estação das monções, de finais de junho a princípios de outubro. Os Invernos duram de novembro a janeiro e são amenos, embora as temperaturas mínimas possam descer até aos 5 °C (41 °F).

Capítulo 4

Rajim Kumbh

4.1 Introdução

A principal atração de Rajim é a sua feira anual conhecida como Rajim Lochan Mahotsav ou Rajim Kumbh, organizada todos os anos de magh purnima a mahashivratri. Com os esforços desenvolvidos pelo Ministério do Turismo, a feira é agora organizada em grande escala, atraindo milhares de visitantes de todos os cantos do país. Os coloridos programas culturais de música folclórica, dança e teatro fazem parte integrante desta bela feira e nunca deixam de fascinar o público.

4.2 Rajim Kumbh

A pequena cidade de Rajim, situada nas margens do rio Mahanadi, é famosa pelo seu rico passado histórico e pelo seu variado património cultural. Na Índia, os templos e as feiras têm uma associação muito íntima. A maior parte dos templos na Índia tornam-se locais de feiras, especialmente durante os festivais. O Templo Rajimalochana em Rajim é bem conhecido pelas suas esculturas requintadas, bem como por ser o local do Rajim Lochan Mahotsav. O Rajim Lochan Mahotsav ou Rajim Kumbh é uma das feiras mais importantes de Chhattisgarh que se realiza anualmente.

Durante a feira, um grande número de pessoas e santos reúne-se em Rajim. Desde a antiguidade que Rajim é um centro de peregrinação dos Vaishnaviitas (os seguidores do Senhor Vishnu). A acumulação de pessoas para realizar cerimónias religiosas aqui é conhecida como o atual "Rajim Kumbh", que era tradicionalmente "Punni mela" ou "Rajiv Lochan Mahotsav", observado todos os anos. O Rajim Kumbh começa no Magh Purnima e prolonga-se por 15 dias. Numerosos pregadores religiosos e santos de todos os cantos do país participam no Rajim Kumbha. Estes santos ficam alojados em casas especiais construídas em campos de areia no meio de Triveni Sangam. Os templos de Kuleshwar Mahadev e Shri Rajiv Lochan são visitados pelas pessoas e são feitas oferendas. Os devotos tomam um banho sagrado em Triveni Sangam. Um ritual chamado "Kalash Yatra", que consiste em filas de mulheres com cântaros, dirige-se para o Mahanadi e, a partir daí, enchem os cântaros e voltam a levá-los para o templo de Mahadev.

Figura 22 Sadhus a tomar banho no Mahanadi em Rajim Kumbh.

4.2.1 Ocorrência

Rajim Kumbh é uma peregrinação hindu de pessoas e gurus religiosos que se realiza todos os anos em Rajim, de magh purnima a mahashivratri.

4.2.2 Rituais realizados

Todos os anos, milhares de Sadhu, Sant, Mahatama, Rishi, Muni e Margdarshak Guru vêm a Rajim Kumbh de todas as partes do país para o festival. As pessoas começam a chegar a Rajim com um dia de antecedência e participam na puja especial realizada à meia-noite. Os templos de visita obrigatória são o Shri Kuleshwar Mahadev e o Shri Rajiv Lochan. Os devotos tomam um banho sagrado no Triveni Sangam, a confluência dos três rios

4.2.3 Importância e estatuto

Rajim kumbha é uma feira festiva e religiosa organizada de "Magh Purnima" a "Mahashivratri" desde tempos imemoriais. Em 2005, com o nascimento do estado de Chhattisgarh, o governo do estado decidiu atribuir-lhe o estatuto de feira kumbha. Com o enorme sucesso do primeiro kumbh e a sua aceitação por parte de todos os quadrantes religiosos, foi decidido organizá-lo anualmente. Mais de 2 milhões de devotos tomam o banho sagrado em Brahma Muhurt, a 13 de fevereiro, na confluência.

Todos os anos, mais de dez milhões de pessoas deslocam-se a esta cidade para fins religiosos e de lazer. Considerando que Rajim é um local de eleição para turistas e peregrinos, o governo de Chhattisgarh está a tomar a iniciativa de promover "RAJIM KUMBHA", mantendo os seus valores religiosos, tradicionais e culturais.

4.2.4 Descrição do Rajim Lochan Mahotsav em Chhattisgarh

O Rajim Lochan Mahotsav atrai um grande número de visitantes. Os turistas têm a oportunidade não só de testemunhar a notável destreza arquitetónica manifestada no templo de Rajimalochana, mas também de participar nos divertimentos da feira no templo de Rajimalochana. Nos últimos anos, o Ministério do Turismo de Chhattisgarh tomou também muitas iniciativas para organizar o Rajim Lochan Mahotsav numa escala mais impressionante.

É um prazer visual ver tantas pessoas coloridas e vibrantes no mesmo sítio. O ambiente é muito alegre e jovial. O Rajim Lochan Mahotsav de Chhattisgarh constitui uma excelente oportunidade para assistir às actuações dos talentosos cantores e dançarinos de Chhattisgarh. Os artistas locais encenam também dramas interessantes. Muitos artistas folclóricos de calibre excecional são uma grande atração nestas funções realizadas por ocasião do Rajim Lochan Mahotsav. Mantêm o público fascinado com as suas apresentações fascinantes. É uma oportunidade ideal para conhecer a cultura única desta terra.

Há uma variedade de programas culturais e um grande número de pequenas lojas que abrem para ver as montras. Os turistas têm a oportunidade de assistir aos divertidos programas culturais e de se deslocarem de uma loja para outra, comprando pequenos artigos à sua escolha.

Aumento das infra-estruturas: Os visitantes diários em Rajim são cerca de 2-3 centenas. Este número atinge os 2 lakhs por dia durante o Kumbha. Este aumento da população flutuante gera uma variedade de necessidades que são alimentadas por disposições temporárias. Entre elas contam-se o alojamento, as comodidades básicas, as lojas de artigos de uso quotidiano e os locais de diversão. São construídas tendas temporárias para os sadhu sant com um mínimo de instalações sanitárias.

Após a declaração de Rajim Kumbh como um assunto de Estado, o Governo está a envidar esforços para proporcionar várias comodidades ao público. Desde a sua criação em 2005, completou 7 anos no ano de 2012. São tomadas disposições especiais para satisfazer as necessidades dos visitantes.

As infra-estruturas fornecidas a título temporário podem ser identificadas do seguinte modo:

4.3 Infra-estruturas físicas

Em termos de infra-estruturas físicas, são tomadas várias medidas. Estas incluem a construção de estradas temporárias, ghats, alojamento, casas de banho, abastecimento de água, eletricidade, cúpulas para grandes reuniões, estradas, pontes, estacionamento, etc.

4.3.1 Rede rodoviária:

Uma vez que a área do mela se situa na areia, a sua deslocação é inconveniente. Assim, todos os anos é construída uma rede de estradas com um total de 5-6 quilómetros, utilizando murum e canas.

4.3.2 Abastecimento de água

O abastecimento de água é efectuado através de uma rede temporária de condutas pelo departamento de saúde pública.

Figura 23 Vista da estrada de Rajim Kumbh

4.3.3 Saneamento

Cerca de 50 casas de banho temporárias foram construídas com cúpulas de sadhus. Cerca de 500 casas de banho temporárias foram transformadas em casas de banho públicas pelo departamento de PHE.

Figura 24 Vista de Rajim Kumbh

4.3.4 Ghat temporário:

São preparados kund e Ghats temporários para alargar as instalações de Snan a vários akhads de sadhus. Cerca de 50 cusec de água são trazidos da barragem de Gangrel para o kund.

4.3.5 Residências para sadhu's:

Foram construídas cerca de 40 cúpulas para proporcionar instalações residenciais aos sadhus que vêm das mais longínquas regiões do país.

Figura 25 Vista de Rajim Kumbh

4.3.6 Residências para peregrinos

São construídas cúpulas temporárias para os peregrinos que ocupam uma área de cerca de 1,5 a 2 mil metros quadrados.

4.3.7 Área de montagem

São feitas cúpulas enormes para o sant samagam, com cerca de 1,2 metros quadrados.

4.3.8 Pontes

3 não são feitas pontes provisórias com a ajuda de tubos Hume.

4.3.9 Iluminação

É instalada uma rede eléctrica temporária que cobre toda a área de 5 km2 do kumbh sthal.

4.3.10 Comunicação

Cerca de 80 mini-autocarros e 20 autocarros são utilizados para facilitar a comunicação com as pessoas comuns. Os autocarros partem de Raipur para Rajim com intervalos de 10 a 15 minutos.

4.3.11 Estacionamento:

Está previsto um parque de estacionamento para cerca de 500 veículos.

4.4 Infra-estruturas sociais

É necessária uma enorme quantidade de infra-estruturas sociais durante o período de Kumbh.

4.4.1 Saúde

A prestação de primeiros socorros é assegurada juntamente com a consulta médica. Também estão a ser abertos centros de saúde primários para satisfazer as necessidades crescentes.

4.4.2 Combate a incêndios

Como a maior parte das construções na zona do mela são temporárias, são vulneráveis ao fogo. Cerca de 10 veículos de combate a incêndios estão colocados em várias partes do mela sthal.

4.4.3 Segurança e proteção

As actividades Naxal aumentaram nos últimos tempos no Estado. Assim, por precaução, mais de 300 polícias fortemente armados foram destacados para os 14 dias de Rajim Kumbh deste ano. Para além do destacamento regular da polícia civil, foram destacados guardas domésticos e guardas de aldeia.

4.4.4 Entretenimento

O Governo de Chhattisgarh organiza vários programas religiosos e culturais no recinto da feira. É dada especial atenção à promoção das artes performativas populares do Estado e dos artistas locais.

4.4.5 Publicidade

O Governo está a envidar esforços para sensibilizar as pessoas para o Kumbh, colocando cartazes e faixas nas principais cidades do Estado. Estão também a ser promovidos anúncios na televisão e na rádio. Os veículos que exibem vários sabores de Kumbh circulam numa área de 45 km de raio para dar publicidade ao evento.

4.4.6 Alimentação

O Governo providencia alimentos a preços subsidiados durante a feira, abrindo o Annapurna Dal Bhat Kendra.

As despesas totais incorridas com estas disposições temporárias ascendem a cerca de 40-50 milhões de rupias por ano.

Foi realizado um inquérito primário em Rajim durante o Kumbh. Peregrinos Foram feitas perguntas aos peregrinos para avaliar o seu perfil económico, padrão de despesas, identificação de circuitos turísticos e interesses, etc. Foi preparado um questionário separado para os lojistas, a fim de avaliar o padrão e a escala das lojas. Os resultados do inquérito são os seguintes

A zona de influência da feira inclui as aldeias vizinhas em geral, uma vez que tanto os peregrinos como os proprietários de lojas vêm durante 15-20 dias.

Figura 26 A zona de influência da feira

- Os peregrinos e os turistas vêm de todos os pontos do país.
- A maioria dos turistas tem uma razão combinada para visitar a feira, que inclui motivos religiosos e de entretenimento.
- A água potável é suficiente (embora não seja higiénica), enquanto que para tomar banho as pessoas dependem apenas do rio.

Figura 27 Uma vista de Rajim Kumbh.

Figura 28 Uma vista de Rajim Kumbh.

- Cerca de 50% dos visitantes viajam de autocarro para chegar à feira, enquanto 25% vêm em veículos de quatro rodas e os restantes 25% em veículos de duas rodas.

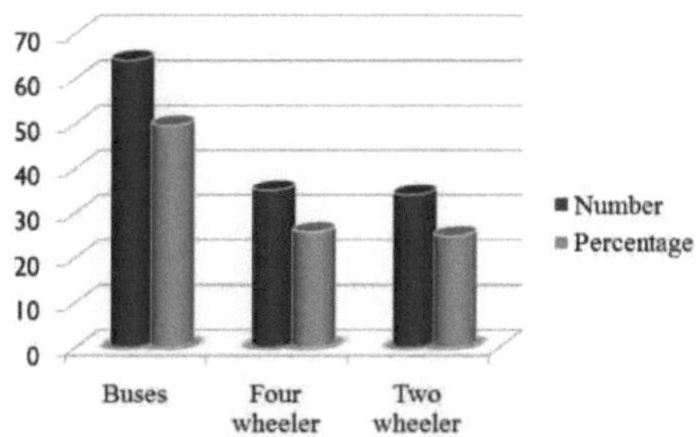

Gráfico 4 Modo de deslocação dos visitantes

- Os visitantes podem vir sozinhos ou num grupo de mais de 3 pessoas.

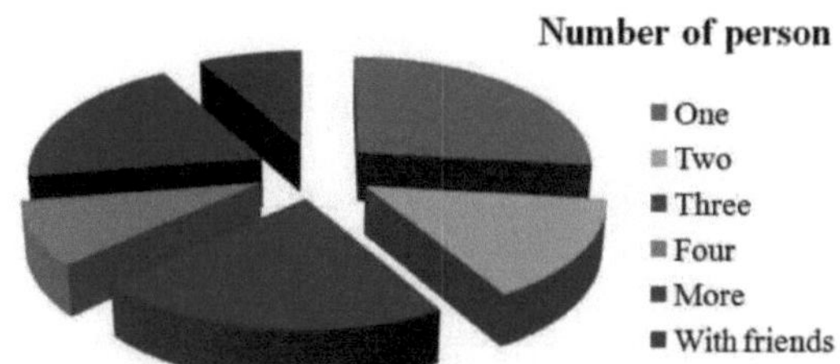

Gráfico 5 Número de membros da família

- 44% dos visitantes gastam entre Rs.100-300 por pessoa por dia.

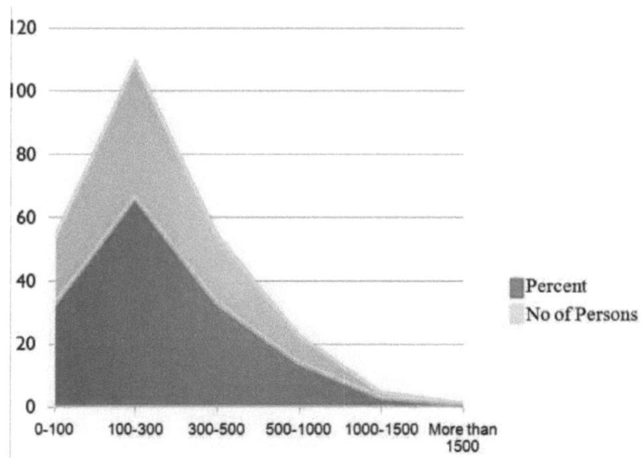

Gráfico 6 Dinheiro gasto por pessoa por dia

- As pessoas vêm dos arredores de Rajim para abrir pequenas lojas. O rendimento diário destes proprietários de lojas é inferior a Rs.500 (53,19%) por dia.

- Apenas 2,12% dos proprietários de lojas ganham mais de 3000 rupias por dia.
- Falta de vestiário para senhoras.
- Foi observada a falta de áreas de espera em locais comuns, como a paragem de autocarros.

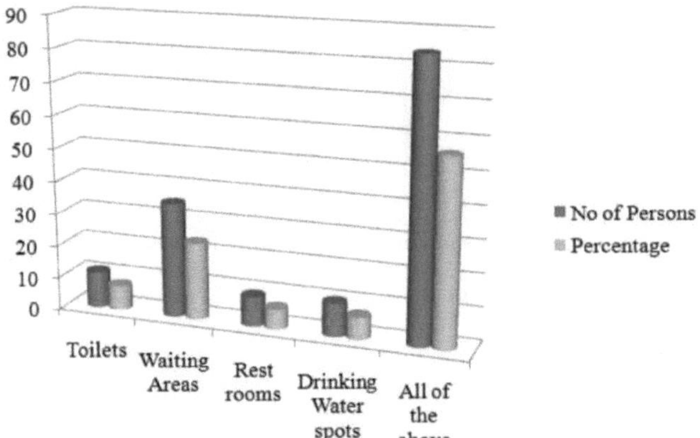

Gráfico 7 Instalações básicas em Rajim kumbh

Figura 29 Quiosques no Rajim kumbh

- A maior parte dos quiosques construídos pelo Governo são ocupados por organismos públicos. Os vendedores locais são obrigados a abrir as suas lojas em locais aleatórios.

Figura 30 quiosques no Rajim kumbh

- Devido à falta de alojamento/não acessibilidade económica, as pessoas vivem ao ar livre.

Figura 31 Ghat em Rajim Kumbh

- Há uma grande necessidade de gestão de resíduos sólidos em ghat e terreno de feira.

Figura 32 Pessoas que praticam actividades religiosas

O Governo do Estado começou a trabalhar no sentido de criar infra-estruturas permanentes para evitar a duplicação de dinheiro, tempo e mão de obra:

- Três pontes pedonais suspensas em Kumbh Sthal, no rio Mahanadi, Rajim, distrito de Raipur
- Construção de estrada de cimento de krishna yadav a devar para.
- Construção de uma estrada de betão de cimento de harijan para a estrada de fingeshwar na ala n.º 13 em rajim.
- Construção de um coletor de esgotos desde shivaji chowk até à casa de sanjay mahadik na ala n.º 1 em rajim.

- construção de um coletor de esgotos desde a estrada de raipur nala até ao kahandoba mandir na ala nº 1 em rajim
- Construção de um coletor de esgotos desde gayatari mandir até raipur road nala na ala n.º 2 em rajim.

* construção de um coletor de esgotos da estrada de ajad chowk para subash chowk na ala n.º 2,3 e 4 em rajim.

* Construção de um sistema de drenagem do tanque de água de mahamaya para o masjid até ao goverdhan para chowk na ala n.º 9 de rajim.

* Construção de um coletor de esgotos desde a casa de Sanjay Mahadik até Paitaiband Nala na ala n.º 11 de Rajim.

* Construção de um esgoto de subash chowk a shivaji chowk na ala n.º 12 de rajim.

* Construção de um esgoto de kachna ghurva mandir a pawan khad na ala n.º 12 de rajim.

Capítulo 5

Avaliação do crescimento

5.1 Cenário atual

Existem alguns circuitos identificados que registam um fluxo contínuo de turismo. Estes estão principalmente centrados em duas grandes cidades do Estado, Raipur e Bilaspur, e estendem-se a mais duas cidades, Raigarh e Ambikapur.

5.1.1 Os Circuitos Existentes:

O circuito do património religioso popular existente em Chhattisgarh é o circuito Raipur - Bilaspur, que consiste em destinos em rota entre Raipur e Bilaspur e outros destinos próximos, tendo Raipur e Bilaspur como centro. Em quantidade comparativamente menor, este circuito é ainda alargado a Raigarh e Ambikapur, abrangendo os destinos em rota entre eles, tendo Raipur e Bilaspur como ponto de entrada e saída.

Circuitos turísticos do património religioso existente em Chhattisgarh:

Raipur está bem servida de ligações ferroviárias, rodoviárias e aéreas e constitui um excelente ponto de entrada. Os destinos turísticos abrangidos pelo circuito acima referido são apresentados a seguir:

Destino em rota entre Raipur e Bilaspur

- Raipur
- Barnawapara
- Arang
- Sheorinarayan
- Sirpur
- Bilaspur

Destinos com Bilaspur como ponto de encontro:

Os destinos com Bilaspur como Hub são:

- Malhar
- Tala
- Ratanpur
- Janjgir
- Chaiturgarh
- Kabir Chabutra
- Sheorinarayan

Destinos com Raipur como ponto de encontro

Os destinos com Raipur como Hub são:

- Bhoramdeo
- Chandrakhuri
- Rajim
- Arang
- Sirpur

5.2 Estado das infra-estruturas: Estudos de caso

Os dados foram obtidos junto do Departamento de Turismo de Chhattisgarh, ao qual foi apresentado um relatório intercalar para determinar o estado de várias infra-estruturas e potencialidades turísticas no Estado. Assim, com base nesses dados, foi estudada uma avaliação do destino turístico existente de importância para o património religioso, com uma avaliação das lacunas. A avaliação das lacunas foi efectuada numa base qualitativa para as seguintes categorias de infra-estruturas, a seguir resumidas:

- T ransportes e conetividade
- Alojamento
- Serviços de apoio à via pública
- Manutenção e gestão do património edificado/atracções turísticas

Infra-estruturas existentes:

As infra-estruturas existentes em alguns dos locais de importância para o património religioso no Estado são as seguintes: (Fonte: Relatório intercalar - Circuito prioritário de Chhattisgarh apresentado à Direção-Geral do Turismo)

5.2.1 Arang

Arang situa-se na margem ocidental de Mahanadi, a 34 quilómetros de Raipur. Este lugar tem belos templos, BhandDeul e BaghDeul.

Figura 33 Templo de BhagDeul - Arang

Quadro 6 Parâmetros e informações qualitativas de Arang

S.no	Parameters	Qualitative Information	Remarks
1.	**External Roads**	Fair	*Raipur to Arang* – 43 kms, NH6,4 lane, Metalled , on way to Sambhalpur.
2.	**Internal Roads**	Fair	*Internal Roads needs to be improved*
3.	**Accessibility(Mode)**	Rail, Road and Airport at Raipur, Taxis, Transport Buses	Airport at Raipur, Rail up to Mahasmund, Road connected to NH6 – Raipur Sambhalpur Highway Arang has a good potential to be developed as stop over destination *Bus services needs to be improved*
4.	**Accommodation**	Poor	Tourist Hotel by Chhattisgarh Tourism Board, Sirpur – 24 Rooms *Needs good tourism accommodation*
5.	**Enroute Wayside Amenities**		
5.1	*Restaurants*	Limited Facility Available	Needs good Restaurants and Snacks Bars
5.2	*Petrol Pump/ Service Centre Availability*	Good	
5.3	*Public Conveniences*	Poor	There is lack of sufficient number of Public conveniences en route to Arang
6.	Enroute Direction Signage	Fair	There are good quality bilingual (Hindi & English) direction signage installed by Chhattisgarh Tourism Board till Arang but they are not sufficient. There are no direction signages for temples in Arang *Sufficient numbers of direction signage are required at Arang*
7.	Onsite Drinking Facility	Fair	*Additional water facility required for increased tourist traffic*
8.	Onsite Solid Waste Management	Poor	Requires solid waste management at Arang
9.	Onsite Information Signage	Fair	There is no information signage indicating name and details of the monuments *Detailed Information signages are required for each of the monuments in Sirpur and Arang.*
10.	Onsite seating/resting places	Good	The temples at Arang have fair seating places within the temple premises
11.	Onsite street lighting	Poor	Requires Street lighting connecting the monuments of Arang
12.	Onsite Public Convenience	Poor	No Public convenience at Arang *Need for onsite Public convenience at Arang and Sirpur*

5.2.2 Sirpur

Sirpur é uma pequena aldeia situada na margem direita do Mahanadi, 83 km a nordeste de Raipur. Possui vestígios arqueológicos associados às religiões Shaiva, Vaishnava, Budista e Jainista. Entre os inúmeros templos e mosteiros budistas (viharas), os mais notáveis são o Templo Lakshman, o Templo Gandheswara, o AnandprabhuKutirVihara e o Swastika Vihara.

Figura 34 Templo de Laxman e SwastikViharas

É bem conhecida pelo seu rico património cultural e arquitetura tradicionais. Remonta ao período compreendido entre o século V e o século VIII d.C. É também um importante centro de religião budista dos séculos VI e X d.C. As escavações efectuadas nas aldeias e nos seus arredores revelaram locais de templos construídos em tijolo, pilares de pedra e esculturas.

Quadro 7 Parâmetros e informações qualitativas de Sirpur

S.no	Parameters	Qualitative Information	Remarks
1.	External Roads	Good	Raipur to Sirpur – 83 kms
2.	Internal Roads	Fair	*Arang to Tumgaon* – 21 kms, 2 lane, bad roads and poor riding quality. *Tumgaon to Sirpur* – 4 kms, single lane, fair road condition and fair riding quality. *Internal Roads needs to be improved*
3.	Accessibility(Mode)	Rail, Road and Airport at Raipur, Taxis, Transport Buses	Airport at Raipur, Rail up to Mahasmund, Road connected to NH6 – Raipur Sambhalpur Highway *Bus services needs to be improved*
4.	Accommodation	Poor	Tourist Hotel by Chhattisgarh Tourism Board, Sirpur – 24 Rooms *Needs good tourism accommodation*
5.	Enroute Wayside Amenities		
5.1	*Restaurants*	Limited availability	Requirement of Restaurants & Snacks Bar
5.2	*Petrol Pump/ Service Centre Availability*	Good	
5.3	*Public Conveniences*	Poor	There is lack of sufficient number of Public conveniences en route to Sirpur
6.	Enroute Direction Signage	Fair	1. There are good quality bilingual (Hindi & English) direction signage installed by Chhattisgarh Tourism Board till Sirpur but they are not sufficient. There are no direction signages enroute from Raipur to Sirpur. *Sufficient numbers of direction signage are required at Sirpur*
7.	Onsite Drinking Facility	Fair	Additional water facility required for increased tourist traffic
8.	Onsite Solid Waste Management	Poor at Arang and in Fair condition at Sirpur	Requires solid waste management at Sirpur
9.	Onsite Information Signage	Fair	*Detail Information signage required for each of the monuments in Sirpur.*
10.	Onsite seating / resting places	Good	The sites at Sirpur such as Laxman Temple, Swastik Vihara are well maintained in terms of seating spaces
11.	Onsite street lighting	Poor	Requirement of street lighting within Sirpur connecting all the monuments.
12.	Onsite Public Convenience	Poor	In Sirpur, Public convenience are there at Laxman Temple which is a Site of National Importance and is maintained by ASI *Need for onsite Public convenience at Sirpur*
13.	Onsite Electricity	Fair	*There is need for additional electric power at Sirpur*

5.2.3 Sheorinarayan

Sheorinarayan fica a 65 km a sudeste de Bilaspur em Janjgir -Champa. Situada na confluência sagrada de três rios, Mahanadi, Sheonath e Jonk, diz-se que esta era a casa de Shabri, uma discípula do Senhor Ram. Um templo de tijolo, supostamente construído por Shabari com as suas próprias mãos, ainda existe.

Figura 35 Templo de Sheorinarayan e ídolo de Mata Shabri

Quadro 8 Parâmetros e informações qualitativas da Sheorinara

S.no	Parameters	Qualitative Information	Remarks
1.	External Roads	Fair	Needs Improvement
2.	Internal Roads	Poor	Needs to be improved to cater the tourist
3.	Accessibility(Mode)	State Transport Buses, Taxis, Tourist Vehicle	There is a Bus Stand at Sheorinarayan but the condition of it has to be enhanced
4.	Accommodation	Poor	Madoha Tourist Resort at Village Madoha, Barnawapara WLS which serves for Sirpur, Narayanpur and Sheorinarayan
5.	Enroute Wayside Amenities		
5.1	Restaurants	Poor	There are restaurants but they are of very poor quality Need for good quality restaurants and snacks bars
5.2	Petrol Pump/ Service Centre Availability	Poor	
5.3	Public Conveniences	Poor	No enroute Public Conveniences
6.	Enroute Direction Signage	Unavailable	Requirement of enroute direction signages
7.	On site Drinking Facility	Poor	There is a provision of onsite drinking facility but it is of very poor quality
8.	On site Solid Waste Management	Poor	Requirement of onsite Solid waste management
9.	On site Information Signage	Poor	No information signages Requirement of information signages depicting the history and importance of place
10.	On site seating/resting places	Fair	There are seating and resting spaces within the temple premises but they are not of good quality
11.	On site street lighting	Poor	Requirement of street lightings
12.	On site Public Convenience	Poor	Need for onsite Public Conveniences

5.2.4 Malhar

Foi outrora a capital da antiga Chhattisgarh. Neste local, foram encontrados vestígios do período compreendido entre cerca de 1000 a.C. e o regime de Kalchuri. O templo de Pataleshwarkedartemple é um templo em Malhar onde Pomukhishivling é a principal atração. O templo de Disneshwar do regime de Kalchuri também se encontra em Malhar, 32 km a sudoeste da rota Bilaspur - Sheorinarayan.

Figura 36 Templo de Pateleshwar Shiv e ídolo de Dindeshwari Mata

5.2.5 Tala

Figura 37 Estado atual do templo Devrani - Jethani em Tala e da estátua icónica de Tala

Talagram situa-se a 27 kms de Bilaspur. É famosa pelo templo Devrani - Jathani. Existe uma estátua maravilhosa com cerca de 1,5 m de altura, 1,5 m de largura e pesa 8 toneladas.

Quadro 9 Dados relativos às infra-estruturas Bilaspur para Malhar (destino: Malhar)

S.no	Parameters	Qualitative Information	Remarks
1.	External Roads	Fair	Good with Bilaspur but needs improvement with other destination
2.	Internal Roads	Poor	Requires Improvement
3.	Accessibility(Mode)	Rail, Road and Airport at Raipur, Taxis, Transport Buses	Airport at Raipur, Rail up to Bilaspur *Bus services needs to be improved.*
4.	Accommodation	Poor	Tourist has to stay at Bilaspur
5.	Enroute Wayside Amenities		
5.1	*Restaurants*	Fair	Requirement of Restaurants and Snacks bar
5.2	*Petrol Pump/ Service Centre Availability*	Fair	
5.3	*Public Conveniences*	Poor	Requirement of enroute Public Conveniences
6.	Enroute Direction Signage	Poor	No Direction signages from Bilaspur and Raipur. Requirement of direction signages
7.	On site Drinking Facility	Fair	Need for onsite drinking water
8.	On site Solid Waste Management	Poor	Requirement of onsite solid waste management
9.	On site Information Signage	Poor	Requirement of information signages depicting the history and detail of monuments.
10.	On site seating/resting places	Fair	Insufficient seating and resting spaces
11.	On site street lighting	Poor	Requirement of Street lighting
12.	On site Public Convenience	Poor	Requirement of onsite Public Convenience

5.2.6 Ratanpur

Ratanpur situa-se a 25 km de Bilaspur. Existe um antigo forte (HawaMahal) que se encontra em estado de demolição. O local favorito é o templo da Deusa Mahamaya. Nos seus arredores, existem diferentes templos antigos e lagoas. No local de Ramtekri existe um templo de Ram Panchayat. Há um templo de Baba Bairavnath que tem um ídolo de nove pés de altura.

Figura 38 Templo de Mahamaya e entrada do Templo de Mahamaya

Quadro 10 Dados relativos às infra-estruturas: Bilaspur a Ratanpur (destino: Ratanpur)

S.no	Parameters	Qualitative Information	Remarks
1.	External Roads	Fair	Requires minor resurfacing and improvement
2.	Internal Roads	Fair	Requires resurfacing and improvement
3.	Accessibility(Mode)	Rail, Road and Airport at Raipur, Taxis, Transport Buses	Airport at Raipur, Rail up to Bilaspur *Bus services needs to be improved*
4.	Accommodation		
5.	Enroute Wayside Amenities		
5.1	*Restaurants*	Fair	There are few enroute restaurants but they are not sufficeint
5.2	*Petrol Pump/ Service Centre Availability*	Fair	
5.3	*Public Conveniences*	Poor	Requirement of enroute Public Conveniences
6.	Enroute Direction Signage	Poor	Requirement of enroute direction signages
7.	On site Drinking Facility	Fair	Good at Mahamaya Temple but other sites of Ratanpur requires improvement.
8.	On site Solid Waste Management	Fair	Good at Mahamaya Temple but other sites of Ratanpur requires improvement.
9.	On site Information Signage	Fair	Good at Mahamaya Temple but other sites of Ratanpur requires improvement.
10.	On site seating/resting places	Fair	Sufficient at Mahamaya Temple but other sites requires improvement.
11.	On site street lighting	Fair	Street lighting within sites requires improvement
12.	On site Public Convenience	Fair	There is a public convenience at Mahamaya Temple but there is requirement at other sites of Ratanpur.

5.2.7 Bhoramdeo

O Templo de Bhoramdeo é um templo Nagvanshi Shiv do século VIII, com belas esculturas em pedra. Tem uma série de estátuas comparáveis às do templo de Khajuraho. Em frente a este templo, há um lago rodeado por florestas e colinas. Bhoramdeo é acessível por uma estrada que precisa de ser melhorada.

Figura 39 Templo de Bhoramdeo

Quadro 11 Dados relativos às infra-estruturas do Templo de Bhoramdeo

S.no	Parameters	Qualitative Information	Remarks
1.	External Roads	Fair	Good with Raipur, but needs improvement with other destinations
2.	Internal Roads	Poor	Needs improvement
3.	Accessibility(Mode)	Rail, Road and Airport at Raipur, Taxis, Transport Buses	Airport at Raipur, Rail up to Bilaspur *Bus services needs to be improved*
4.	Accommodation	Available	Private hotel and lodges
5.	Enroute Wayside Amenities		
5.1	*Restaurants*	Fair	Needs improvement
5.2	*Petrol Pump/ Service Centre Availability*	Poor	
5.3	*Public Conveniences*	Fair	Need for Public Conveniences
6.	Enroute Direction Signage	Poor	Requires enroute direction signages
7.	On site Drinking Facility	Poor	Requirement of onsite Drinking water supply
8.	On site Solid Waste Management	Poor	Need for Solid waste management
9.	On site Information Signage	Poor	No Information signages Requirement of information signages depicting the history and detail of monuments.
10.	On site seating/resting places	Fair	Insufficient seating and resting spaces
11.	On site street lighting	Poor	Requirement of Street lighting
12.	On site Public Convenience	Poor	Requirement of on site Public Convenience

5.3 Observações:

Os dados acima referidos mostram uma clara deficiência em vários tipos de infra-estruturas na maioria dos locais. Os pormenores de cada tipo foram analisados mais adiante.

Estas questões têm de ser devidamente abordadas para criar um ambiente propício ao turismo do património religioso no Estado.

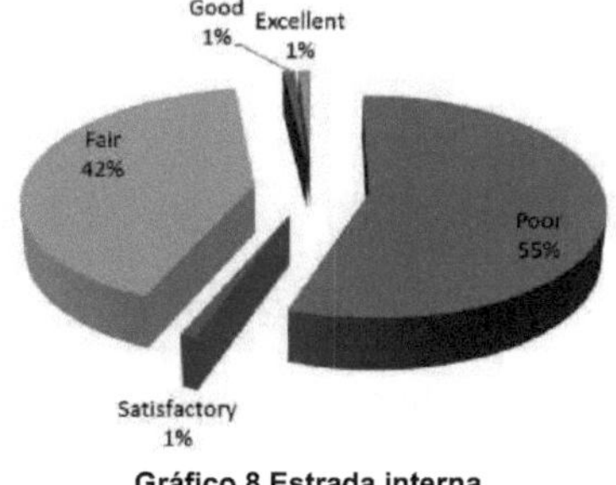

Gráfico 8 Estrada interna

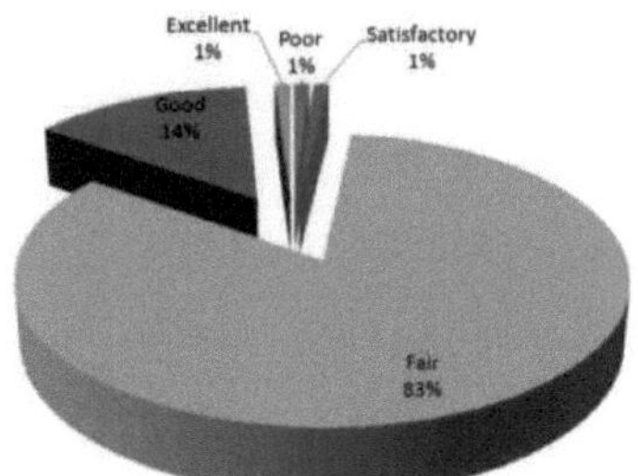

Gráfico 9 Estrada externa

5.4 Análise:

As estradas exteriores do Estado são relativamente boas, enquanto o estado das estradas interiores é, na sua maioria, mau. Há uma necessidade imediata de melhorar as estradas internas que conduzem aos locais de património religioso.

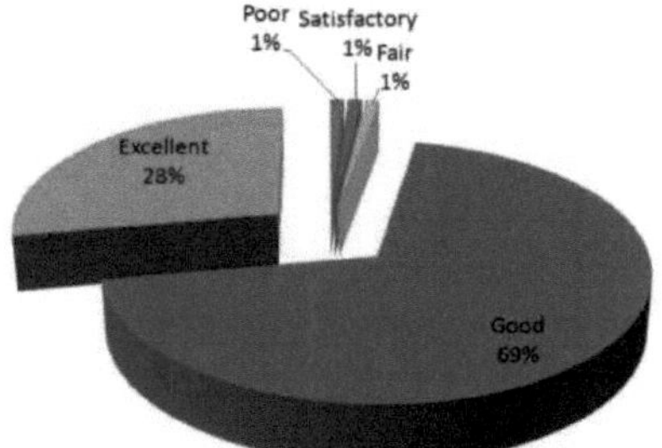

Gráfico 10 Acessibilidade (Modo)

- O sistema de transportes para chegar a vários destinos é muito
  bom.

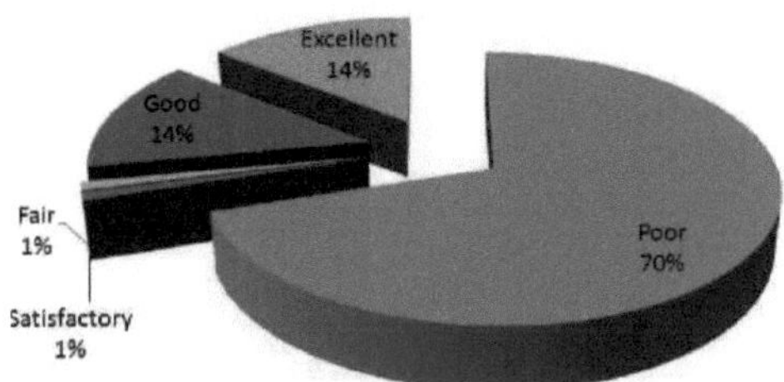

Gráfico 11 Alojamento

- Nalguns destinos, as instalações de alojamento são muito boas, ao passo que na maior parte
  dos destinos há falta de alojamento.

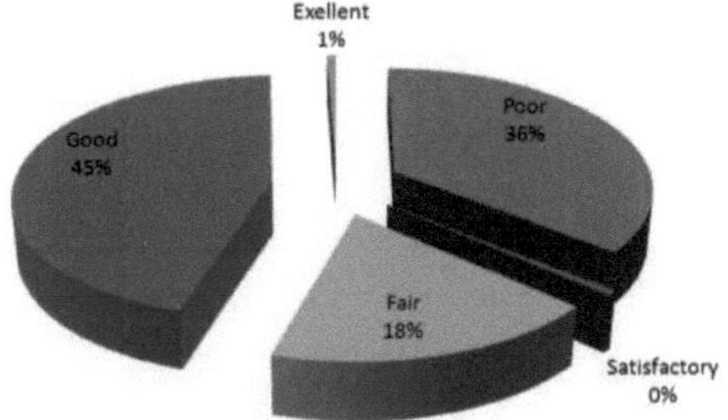

Gráfico 12 Sinalização de direção em rota

- Para cerca de 45% dos destinos, as sinagogas são claras e boas, mas é necessário melhorar as sinagogas dos destinos.

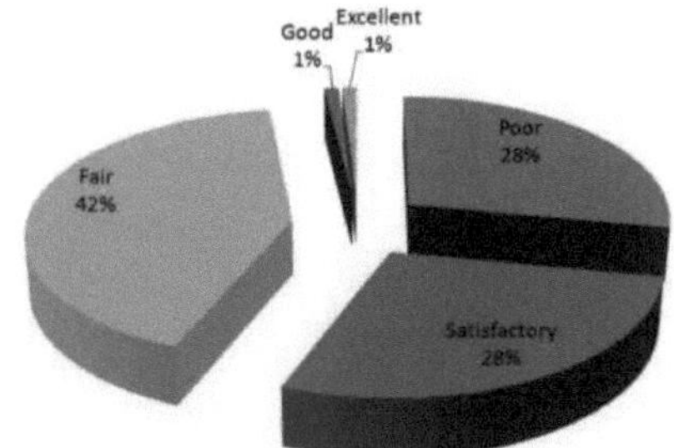

Gráfico 13 Restaurantes

- 28% dos Destinos estão a sofrer de más instalações para comer.

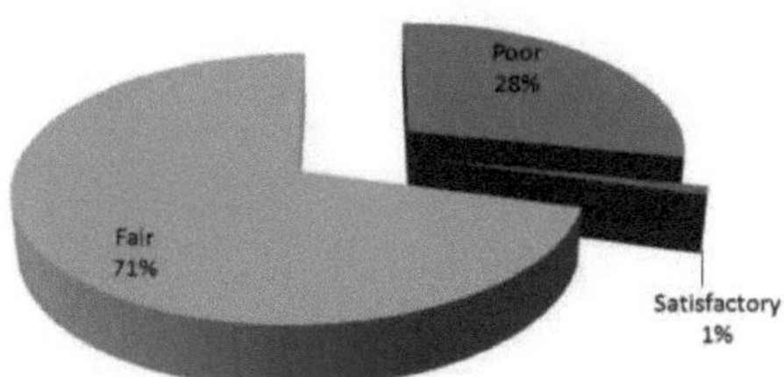

Gráfico 14 Instalação de bebidas no local

- As instalações de água potável no local são bastante boas, mas há uma lacuna que precisa de ser preenchida essencialmente.

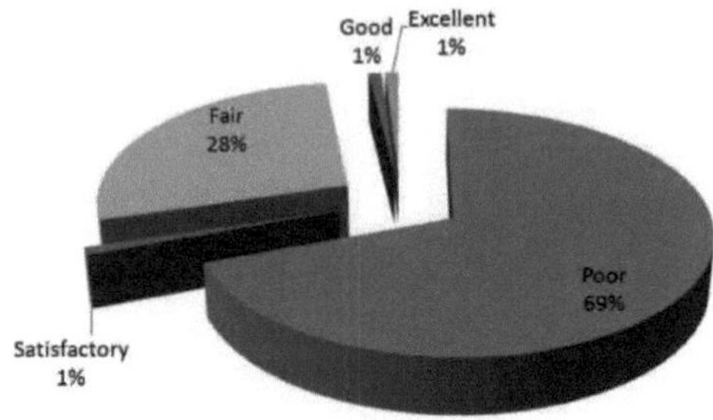

Gráfico 15 Conveniência pública no local

- O estado das instalações públicas, tais como casas de banho e caixotes do lixo, é muito mau, pelo que deve ser tratado com prioridade.

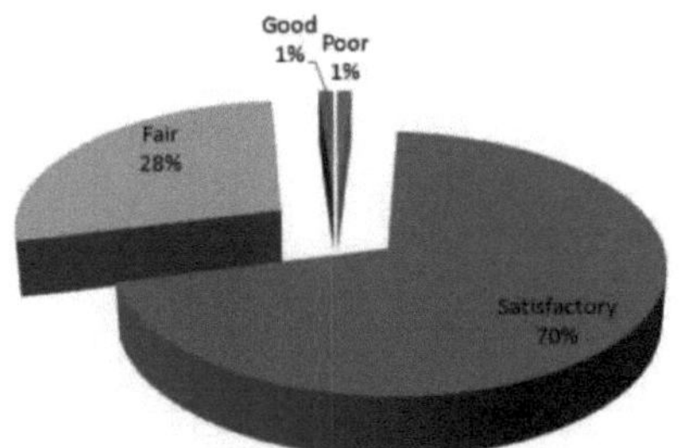

Gráfico 16 Assentos/locais de repouso no local

A maioria dos sítios dispõe de lugares sentados e de repouso suficientes.

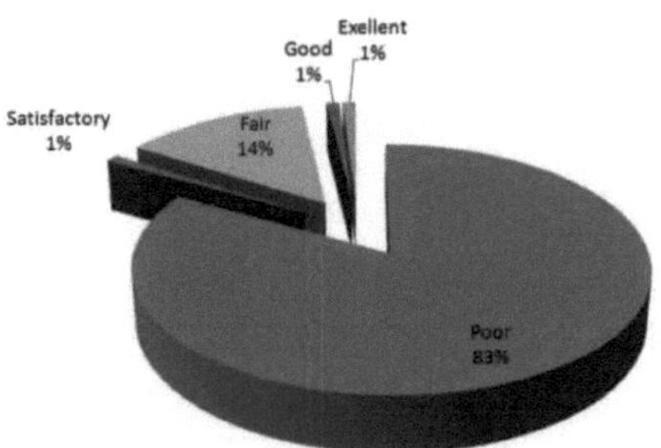

Gráfico 17 Iluminação pública no local

A iluminação é deficiente na maior parte dos destinos.

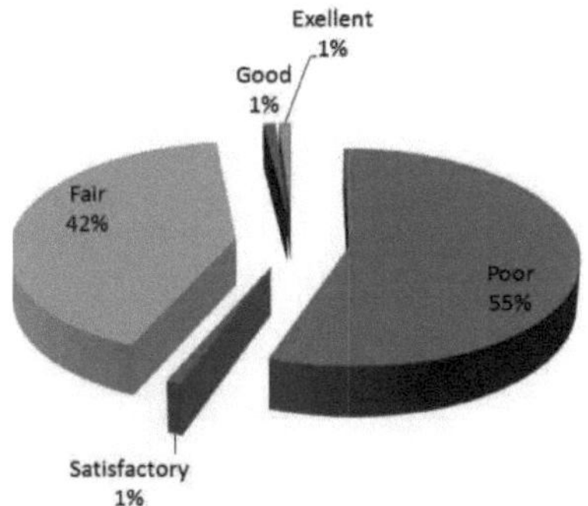

Gráfico 18 Sinalização informativa no local

- As páginas de informação nos sítios não são satisfatórias.

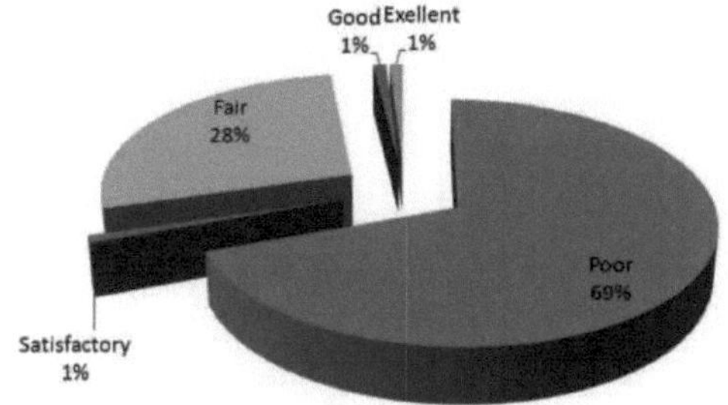

Gráfico 19 Gestão de resíduos sólidos no local

- O sistema de gestão dos resíduos sólidos é bastante deficiente.

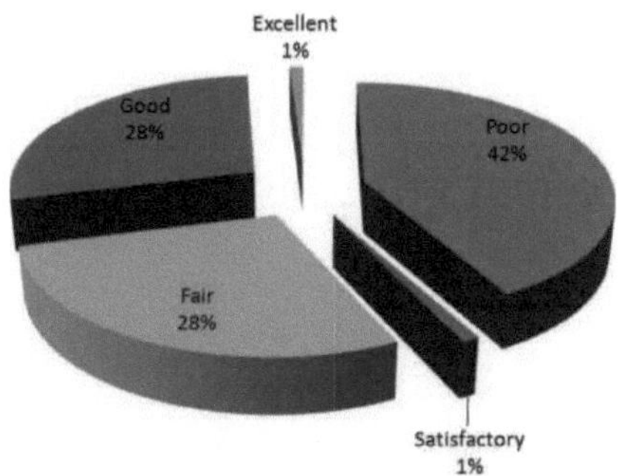

Gráfico 20 Disponibilidade de bombas de gasolina/centros de serviço

- A disponibilidade de bombas de gasolina/estações de serviço é, na sua maioria, razoável, embora 42% dos destinos não a possuam.

Com base nos dados acima referidos, o índice ponderado foi elaborado mantendo os mesmos parâmetros.

Quadro 12 Com base nos dados acima referidos, o índice ponderado foi calculado mantendo os mesmos parâmetros

SR. NO.	PARAMETER	BARNAWAPARA TO SHEORINARAYAN	BILASPUR TO MALHAR	RAIPUR TO ARANG	ARANG TO SIRPUR	BILASPUR TO RATANPUR	BILASPUR TO MALHAR	BHORAMDEO TEMPLE
1.	External Roads	3	3	3	4	3	3	3
2.	Internal Roads	1	1	3	3	3	1	1
3.	Accessibility(Mode)	4	5	4	4	5	4	4
4.	Accommodation	1	1	1	1	4	1	3
5.	Restaurants	1	1	2	2	3	3	3
6.	Petrol Pump/ Service Centre Availability	1	1	4	4	3	3	1
7.	Enroute Direction Signage	0	1	3	3	1	1	1
8.	On site Drinking Facility	1	3	3	3	3	3	1
9.	On site Solid Waste Management	1	1	1	3	3	1	1
10.	On site Information Signage	1	1	3	3	3	1	1
11.	On site seating/resting places	3	3	4	4	3	3	3
12.	On site street lighting	1	1	1	1	3	1	1
13.	On site Public Convenience	1	3	1	1	3	1	1
	TOTAL INFRASTRUCTURE	19	25	33	36	40	26	24

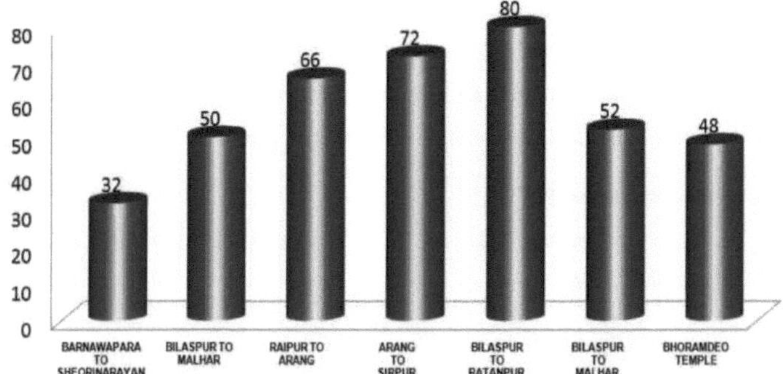

Gráfico 21 Total das infra-estruturas existentes

- A análise do índice ponderado indica que, entre os destinos estudados, Ratanpur satisfaz a maior parte das exigências.

- É necessário criar infra-estruturas de base como Dharamshalas, casas de repouso, estradas de acesso e serviços à beira do caminho em locais de importância religiosa.

- Assegurará igualmente a disponibilização de instalações de cuidados de saúde básicos, casas de banho públicas e outras comodidades nestas zonas.

- Para além da contribuição própria do Ministério do Turismo, serão utilizadas fontes privadas para atingir estes objectivos.

5.5 Estimativa da carga turística em 2020

É necessário melhorar várias infra-estruturas no Estado. Ao mesmo tempo, a preparação para o futuro é igualmente importante. As infra-estruturas devem suportar as necessidades crescentes da futura população turística do Estado. A população turística projectada no Estado é calculada da seguinte forma

A carga em 2020 tem duas componentes - carga turística nacional e carga turística estrangeira. A metodologia de avaliação da carga turística em 2020 é a seguinte:

Etapa 1: Estimativa da carga turística interna em 2020:

O Ministério do Turismo do Governo da Índia tem como objetivo manter a taxa de crescimento anual do turismo interno de 12,16% nos próximos cinco anos (Fonte: Carta DO n.º 8(12)/2011- MRD, emitida pelo Ministério do Turismo, Governo da Índia, aos Secretários de Turismo de todos os Estados). Assim, para calcular a carga turística interna em 2020, os valores do ano de referência de 2010 foram projectados utilizando uma taxa de crescimento anual de 12,16%.

Etapa 2: Estimativa da carga turística estrangeira em 2020:

O Ministério do Turismo do Governo da Índia tem como objetivo aumentar a quota do país nas chegadas de turistas ao mundo de 0,6% para 1% nos próximos cinco anos (Fonte: Carta DO n.º 8(12)/2011- MRD, emitida pelo Ministério do Turismo, Governo da Índia, aos Secretários de Turismo de todos os Estados). Com base nestes valores, foi calculada uma taxa de crescimento anual (CAGR) de 10,76%. Assim, para calcular a carga turística estrangeira em 2020, foram projectados os valores do ano de referência de 2010, utilizando uma taxa de crescimento anual de 10,76%.

Estimativa da carga turística em 2020

A soma da Carga Turística Doméstica (2020) e da Carga Turística Estrangeira (2020) foi obtida para estimar a Carga Turística em 2020.

5.6 Análise da capacidade de carga:

A capacidade de carga turística é definida como "o número máximo de pessoas que podem visitar o destino turístico sem causar a destruição do ambiente físico, económico e sociocultural e uma diminuição inaceitável da qualidade da satisfação dos visitantes. *(Alvin Chandy, 2009)*

A avaliação da TCC baseia-se em três indicadores principais:

- Físico-Ecológico,
- Dados sócio-demográficos e
- Político-económico.

Os indicadores físicos e ecológicos baseiam-se em componentes fixas (capacidade ecológica, capacidade de assimilação) e em componentes flexíveis (sistemas de infra-estruturas como o abastecimento de água, eletricidade, transportes, etc.).

Os indicadores sócio-demográficos referem-se a questões sociais e demográficas e à sua importância para as comunidades locais, na medida em que estão relacionadas com a presença e o crescimento do turismo. Alguns destes indicadores podem ser expressos em termos quantitativos, mas a maioria requer uma investigação socio-psicológica adequada.

Os indicadores político-económicos referem-se aos impactos do turismo nas estruturas económicas locais, nas actividades, no clima político, etc., incluindo a concorrência com outros sectores.

O objetivo das intervenções previstas pelo Ministério do Turismo, Governo da Índia, é melhorar a qualidade e a quantidade das infra-estruturas turísticas nos destinos/circuitos turísticos de forma sustentável. Por conseguinte, para efeitos do presente relatório, a tónica será colocada nos indicadores físicos e ecológicos. Espera-se que a melhoria das infra-estruturas físicas nos destinos/circuitos turísticos se traduza em melhorias das condições sociodemográficas e político-económicas desses locais: (Para os cálculos pormenorizados da capacidade de carga, consultar o Anexo n° -)

Quadro 13 Carga turística (Fonte: Relatório intercalar - Circuito Prioritário de Chhattisgarh apresentado à Direção-Geral do Turismo)

District	Tourist Town	Destinations Covered	Existing Load	Carrying Capacity	Available Capacity	Existing Load	Carrying Capacity	Available Capacity
			2010			2020		
Raipur	Raipur	Raipur	884226	1847220	962994	1194026	1847220	653194
	Arang	Arang	19185	317115	297930	22187	317115	294928
Mahasmund	Sirpur	Sirpur	40572	61560	20988	45928	61560	15632
	Gobra Nawapara	Barnawapara WLS	28725	66555	37830	32101	66555	34454
Janjgir Champa	Sheorinarayan	Sheorinarayan	10899	110490	99591	15134	110490	95356
	Champa	Janjgir	51734	274485	222751	73087	274485	201398
Bilaspur	Bilaspur	Bilaspur, Malhar, Tala	399241	638520	239279	564630	638520	73890
	Ratanpur	Mahamaya Temple, Bharon Temple, Ram Tekri, Hawa Mahal, Khota Ghat	27494	641770	614276	40040	641770	601730

Como se pode ver no quadro supra, todas as cidades turísticas do circuito prioritário de Chhattisgarh têm uma ampla capacidade para acolher o afluxo de turistas até 2020. De acordo com os dados apresentados, podem ser efectuadas as seguintes observações:

a.) A cidade de Arang, que tem o templo de Bhand Deul e Bhag Deul, tem capacidade suficiente para acolher pessoas e poderia ser desenvolvida como um bom destino de paragem.

b.) Sirpur está a ser recentemente explorada e tem sido visitada por pessoas que conhecem os seus templos e viharas. Este destino pode ser desenvolvido como um potencial destino turístico através da melhoria das suas infra-estruturas e da sensibilização das pessoas para este local. 95

c) Raipur, Bilaspur e Ratanpur têm capacidade para acolher turistas. Os destinos destas cidades turísticas precisam de ser melhorados em termos de infra-estruturas turísticas para atrair turistas para estes destinos

5.7 Destinos turísticos identificados

Com base na metodologia acima descrita, verifica-se que existem algumas cidades e vilas no Estado que têm capacidade de carga suficiente para o futuro. Estas cidades e vilas podem ser identificadas como nós turísticos, que podem oferecer excursões de um dia aos destinos próximos de importância para o património religioso. Estes nós podem ser desenvolvidos em termos de infra-estruturas para apoiar o aumento das necessidades dos turistas. Isto contribuirá para o desenvolvimento de vários locais de importância para o património religioso no Estado que foram identificados como tendo um bom potencial turístico, mas que ainda não foram explorados.

Os nós identificados são:

*   Raipur
*   Bilaspur
*   Rajnandgaon

- Jagadalpur
- Ambikapur
- Raigarh

Estas cidades e vilas podem atuar como nós para desenvolver os locais de destino que são menos populares e que ainda não foram explorados. Propõe-se que os locais identificados sejam desenvolvidos em termos de infra-estruturas, ou seja, acessibilidade e estradas (tanto internas como externas), eletricidade e comodidades básicas, tais como casas de banho e água potável no local, locais de descanso, etc. Além disso, deve ser efectuada uma campanha de sensibilização que descreva o contexto mitológico/histórico destes locais. Os destinos identificados são enumerados a seguir:

5.7.1 Damakheda:

Damakheda situa-se na estrada Raipur Bilaspur, a 10 km de Simga. Este é o centro de fé dos seguidores de Sant Kabeer, que são designados por panteões de Kabeer.

Significado

Sant Dharamdas foi o principal discípulo de Sant Kabeer. Escolheu esta região de Chhattisgarh para difundir a filosofia de Kabeer. Kabeer Math foi fundado no ano de 1903 em Damakheda. Desde então, este lugar tem imensa importância emocional entre os Kabeerpanthees. O Ashram de Kabeer e o Samadhi Mandir são dois locais importantes para os turistas visitarem. Todos os anos, no mês de fevereiro, há uma celebração de cinco dias em que pessoas de todas as partes do estado vêm visitar este lugar.

Acessibilidade

As condições das estradas exteriores são boas, mas as estradas interiores precisam de ser reparadas.

Damakheda é acessível por estrada a partir de Raipur e Bilaspur.

O aeroporto e a estação de comboios mais próximos ficam em Raipur, a 45 km de Damakheda.

Há uma variedade de meios de transporte públicos disponíveis de Raipur para Simga, mas faltam meios de transporte públicos para chegar de Simga a Damakheda.

O IPT (Transporte Público Intermédio) deve ser incentivado para melhorar a acessibilidade.

Alojamento

Não há alojamento disponível em Damakheda, embora existam vários hotéis económicos em Simga (10 km) e em Raipur (45 km).

Restaurantes e lanchonetes

Existem 4-5 restaurantes vegetarianos de qualidade média em Damakheda.

É necessário um maior número de restaurantes.

Conveniência pública no local:

Não há casas de banho no local, pelo que são necessárias casas de banho para ambos os sexos.

Existe um abastecimento de água potável e um local de repouso no local.

5.7.2 Danteshwari:

No coração da zona tribal de Bastar, a cerca de 85 km de Jagdalpur, encontra-se o Templo Ma Danteshwari.

Importância:

O templo de Danteshwari é dedicado à Deusa Durga. Construído pelos reis Chalukya na confluência dos rios Dankini e Shankini, o templo é uma homenagem à divindade familiar Devi Danteshwari, adorada tanto pelos hindus como pelas tribos da região. Acredita-se que a parte mais interior, construída em pedra, tenha mais de 800 anos, mas vários acrescentos foram feitos pelos reis em diferentes períodos. O templo é a atração principal durante as celebrações de Baster Dussehra. Existem também ídolos de Shiva, Vishnu, Ganesh e Nandi no interior das instalações.

Acessibilidade

Tanto a estrada exterior como a interior não estão em boas condições, pelo que têm de ser reparadas.

Há um bom número de transportes públicos que circulam a intervalos frequentes a partir de Jagdalpur.

Restaurantes e lanchonetes

Há um número suficiente de restaurantes de qualidade média em Jagadalpur.

Conveniência pública no local:

Não há casas de banho no local, pelo que são necessárias casas de banho para ambos os sexos.

Existe um abastecimento de água potável e um local de repouso no local.

5.7.3 Barsoor:

A cerca de 75 km de Jagdalpur, encontra-se um conjunto de 11th e 12th templos do século XX, de uma beleza e arquitetura fascinantes,

Significado

Situada nas margens do rio Indravati, Barsoor foi outrora o centro da civilização hindu. Diz a lenda que havia 147 templos na zona, datados de há pelo menos dez séculos, mas infelizmente tudo o que resta hoje são as ruínas desses templos espalhadas por todo o lado. Também são visíveis algumas belas figuras de Vishnu. Entre as ruínas impressionantes encontra-se um templo de Shiva com 12 pilares de pedra escavados. Há outro templo com 32 pilares e um touro Nandi de granito preto. Há ainda o templo Mama-Bhanja (templo do tio e do sobrinho), que se crê ter sido construído para Shiva. Uma grande atração é o grande templo de Ganesh, com duas imagens de Ganesh em arenito, a maior das quais mede quase 2,5 metros de altura e 2,5 metros de largura. Muitos dos templos em ruínas retratam arte erótica, bem como formas distintas de arte popular do sul da Índia.

Acessibilidade

As estradas exteriores e interiores estão em mau estado e necessitam de atenção imediata.

Restaurantes e lanchonetes

Não existem restaurantes e lanchonetes no local. Devem ser tomadas medidas especiais a este respeito.

Conveniência pública no local

Não existem instalações sanitárias, água potável e locais de descanso no local, pelo que é necessário desenvolver todas as comodidades.

5.7.4 Templos de Janjgir- Champa

Existem muito poucos locais no país com uma profusão de templos como esta região. Situada a cerca de 175 km de Raipur, existem muitos templos de importância nesta área, conhecidos pelos seus estilos arquitectónicos e pelo seu fino acabamento, pertencentes a vários períodos da história:

Vishnu Mandir

Templo incompleto perto do talab de Bhima, foi iniciado em duas partes no século XIIth , mas não foi terminado.

Pithampur Shiv Mandir: - Este templo é também conhecido como kaleshwarnath Mandir e está situado nas margens do rio hasdeo. É famoso pela feira de dez dias organizada durante o Mahashivaratri.

Deepadah

Deepadah está situada a 73 km de Ambikapur. Foram recolhidos vários vestígios de templos, edifícios e estátuas, que datam do século VI ao século X. Foram recuperados 6 templos principais e 74 pequenos. A maior parte deles é dedicada ao Senhor Shiva. Os principais templos são Sarnat Sarna, Urav, Teela, Rani Pokhra e Chamunda.

Sarnat Sarna

Dedicado ao Senhor Shiva, este é um templo grandioso e bonito. Na porta do templo há um ídolo do rio Ganges sobre crocodilos e do rio Yamuna. Há a deusa Laxmi sentada num elefante e o Senhor Shiva em ambos os cantos.

Maheshpur

Perto de Deepadah, em Maheshpur, existe um enorme templo de Shiva na margem do rio Renuka. Em Chhedka Dear há vestígios de um templo de Vishnu datado do século X d.C.

Acessibilidade

Não há transportes públicos disponíveis para chegar a Deepadah. No entanto, é possível apanhar um táxi em Ambikapur.

Alojamento

Embora não haja alojamento disponível em Deepadah, há uma casa de repouso para PWD em Ambikapur. Existem também algumas casas de repouso privadas e hotéis em Ambikapur.

5.7.5 Khairagarh:

Khairagarh situa-se a 40 km de Dongargarh. Existe uma das mais antigas universidades de música, que funciona num palácio chamado kamal vilas mahal. Outros locais importantes a visitar são Gandai, que fica a 30 km de Khairagarh. Há um templo de Shiva que pertence ao século XIII. É conhecido como Deaur Mandir. Construído em trirath nagar shaili, este templo é um exemplo da arquitetura kalchuri. Perto de Gandai, na aldeia de Ghaniyari, existe um Shiv Mandir de panchaytana shaili que pertence ao século XII.

Acessibilidade

Não há transportes públicos disponíveis. No entanto, é possível alugar um táxi em Rajnandgaon.

Alojamento

Existe uma casa de repouso em Khairagarh e alguns hotéis privados em Rajnandgaon. Que fica a 40 km de Khairagarh.

5.8 Circuitos turísticos identificados

De acordo com os resultados de inquéritos primários e secundários, os turistas que visitam vários destinos religiosos e patrimoniais são geralmente um grupo misto em termos de idade, sexo e classe. Por conseguinte, pode haver um ou dois destinos de natureza diferente, que podem ser mantidos em circuito como uma opção.

Alguns dos destinos no Estado, que têm um potencial turístico substancial, estão a ser negligenciados em termos de infra-estruturas, comodidades e publicidade. Se forem postos em sintonia com os pólos de atração maiores e mais populares, podem ser desenvolvidos como futuros destinos.

Assim, os circuitos turísticos propostos com importância para o Património Religioso são

- Raipur - Rajim - Champarannya -Arang - Barnawapara - Sirpur - Sheorinarayan- Kahrod -Malhar - Bilaspur - Talagaon - Bhoramdeo - Raipur

- Raipur - Keshkal - Jagdalpur - Chitrakote -Barsur - Dantewada - Parque Nacional do Vale de Kanker - Jagdalpur

- Raipur - Champaranya - Rajim- Udanti - Sitanadi - Dudhwa
  - Gangrel -Dhamtari - Raipur
- Raigarh - Singhanpur - Mainpat - Ambikapur - Janjgir Champa - Ratanpur -Bilaspur- Achanakmar - Amarkantak
- Raipur - Champaranya - Rajim - Udanti - Sitanadi -Kanker
  - Keshkal -Kondagaon -Jagdalpur - Chitrakote - Barsur - Dantewada - Parque Nacional do Vale de Kanker - Jagdalpur
- Raipur - Champaran - Rajim - Ghatrani - Sihawa - Dhamtari
  - Barragem de Gangrel - Kanker -Sitanadi WLS - Balod - Rajnandgaon -Dongargarh - Khairagarh - Durg - Raipur
- Raipur - Arang - Sirpur -Barnawapara WLS -Sheorinarayan
  - Chandrapur -Bilaspur - Malhar - Tala - Ratanpur - Janjgir Champa - Chaiturgarh - Kabir Chabutra - Raipur - Bhoramdeo

Todos os circuitos turísticos acima propostos são predominantemente circuitos de património religioso. Nestes circuitos, a maior parte dos santuários de vida selvagem estão a tornar-se parte do circuito principal ou podem funcionar como circuitos. A duração média de cada circuito varia entre 5 e 7 dias. Alguns deles podem ser encurtados de modo a tornarem-se circuitos de fim de semana para os turistas locais.

5.9 Questões e preocupações:

O turismo religioso tem um grande futuro em Chhattisgarh. O Chhattisgarh é ricamente dotado de templos antigos e festivais religiosos. Em conjunto, apresentam um modo de vida alternativo e viável.

5.9.1 Criação de infra-estruturas e uma abordagem holística

Embora, em princípio, o turismo religioso em Chhattisgarh tenha um imenso potencial para evoluir como um segmento de nicho, há obstáculos a ultrapassar. O primeiro obstáculo é a fraca infraestrutura turística em geral e, talvez, a infraestrutura ainda mais fraca dos centros religiosos. Terão de ser criadas instalações adequadas para alojamento, alimentação e viagens. Para definir a estratégia de desenvolvimento do turismo do património religioso em Chhattisgarh, podem ser dados os seguintes passos:

- Identificação do potencial turístico existente (zonas/lugares).
- Classificação do potencial turístico em função do âmbito, da escala e da combinação das

actividades. A escala e a mistura referem-se à intensidade do potencial e ao montante das receitas geradas pelo efeito de arrastamento e pela sua possível utilização. A classificação dependerá em grande medida dos aspectos económicos e do valor social do potencial em termos de imagem e prestígio.

* Identificação de circuitos de deslocação naturais e possíveis que tenham surgido em virtude da sua localização, escala e acessibilidade e desenvolvimento ou alargamento de circuitos adicionais ou novos, que poderiam ser desenvolvidos através da eliminação de barreiras como a acessibilidade, etc.
* Avaliar o impacto económico das actividades turísticas em curso/novas, incluindo o seu efeito multiplicador.
* Elaboração de uma política pormenorizada em termos de medidas diretas

5.9.2 Caraterísticas principais da atual política de turismo de Chhattisgarh:

A política de turismo visa criar uma imagem única para o Estado e posicioná-lo como um destino atrativo. Os objectivos específicos desta política são

* Promover um turismo sustentável do ponto de vista económico, cultural e ecológico no Estado.
* Reforçar a qualidade e a atratividade da experiência turística em Chhattisgarh.
* Preservar, enriquecer e mostrar o rico e diversificado património cultural e ecológico do Estado.
* Aumentar a contribuição do turismo para o desenvolvimento económico dos sectores inter-relacionados.
* Incentivar e promover iniciativas do sector privado no desenvolvimento de infra-estruturas relacionadas com o turismo.
* T ransformar o papel do Governo num papel de facilitador.
* Promover novos conceitos no domínio do turismo, como o time-share, o ecoturismo, o turismo de aldeia e o turismo de aventura.
* Respeitar a integridade intelectual e os direitos das comunidades locais.
* Para atingir estes objectivos, o Estado identificou iniciativas específicas. Infra-estruturas e desenvolvimento institucional
* Oferta de produtos turísticos
* Marketing

5.9.3 Desenvolvimento integrado de zonas turísticas especiais e colaboração construtiva entre o governo e o sector privado

O Conselho de Turismo de Chhattisgarh planeia apresentar um plano diretor de turismo para os próximos cinco anos até ao final de 2012. O plano diretor centrar-se-á nos seguintes aspectos

- Um mecanismo de reforço das capacidades para apoiar a população local.
- assegurar um modelo sustentável para o sector do turismo que permita um crescimento inclusivo.
- O plano diretor identificará os produtos (destinos) e a sua singularidade e definirá o público-alvo.
- O papel da intervenção política, do sector privado e do desenvolvimento de infra-estruturas.
- Visar os HNIs na Índia para que visitem o Estado sem perturbar o equilíbrio/recursos ecológicos. O Governo do Estado espera quintuplicar o número de turistas nacionais de alto nível em cinco anos.
- Para apoiar o aumento das chegadas de turistas, prevê-se que o desenvolvimento das infra-estruturas seja 4-5 vezes superior à capacidade atual do sector do turismo. O Estado dispõe atualmente de 6.000 quartos.
- O Governo do Estado está também a envidar esforços no sentido de atrair as principais marcas de hotelaria para estabelecerem propriedades no Estado.
- O conselho de turismo, que tinha reservado Rs 7 crore para a promoção da marca este ano fiscal, planeia aumentar o seu orçamento de publicidade para Rs 10 crore no próximo ano.

- Numa primeira fase, o conselho de administração está também a visar turistas estrangeiros do Reino Unido e da Alemanha este ano. O total de chegadas de estrangeiros ao Estado cifrou-se em 25 000 no ano passado. No ano passado, o Estado recebeu 25 lakh de turistas, sobretudo turistas religiosos.

Capítulo 6

Linhas diretrizes e desenvolvimento de políticas

6.1 Introdução

O turismo no Estado de Chhattisgarh sofre do duplo problema da falta de sensibilização e de publicidade enquanto destino turístico e da fraca qualidade do "produto turístico". A má conetividade e as infra-estruturas deficientes agravam ainda mais a situação. Embora o CG Tourism Board (CTB) tenha criado hotéis e instalações em todos os locais turísticos importantes e o Estado tenha adotado uma política de turismo orientada para o futuro, o crescimento do turismo tem sido lento.

O sector do turismo tem vindo a gerar um volume impressionante de emprego e é também um dos principais geradores de divisas. O desenvolvimento desta indústria depende da qualidade do ambiente e da disponibilidade de instalações e comodidades, que são da maior importância, uma vez que as pessoas esperam uma atmosfera ambiente. Consequentemente, a acessibilidade, o alojamento e a recreação são os três factores essenciais, que contribuem em grande medida para o desenvolvimento do turismo. São necessárias estratégias para promover os tipos de turismo propostos, orientados para os turistas nacionais e internacionais, respetivamente.

Chhattisgarh tem um imenso potencial para se desenvolver como principal destino turístico nos próximos anos, e o turismo deve ser considerado importante aquando da elaboração de várias políticas para o desenvolvimento do Estado. A indústria do turismo tem uma vasta gama de impactos no desenvolvimento das pessoas da região, que devem ser tidos em conta na elaboração de políticas para o desenvolvimento do turismo do património religioso no Estado. Os impactos podem ser classificados em termos gerais como

- Impacto económico
- Impacto social

6.1.1 Impacto económico:

Como qualquer política de promoção do turismo, a política de turismo proposta também terá um impacto económico, social e ambiental. Existem alguns benefícios diretos associados ao aumento da população turística no Estado. Tal deve-se às despesas dos turistas nos vários sectores que os recebem. Além disso, devido às instalações e infra-estruturas adicionais que estão a ser criadas, a despesa média de um turista aumentará, uma vez que a duração da estadia num local também será maior. O montante gasto pelos turistas será recebido por diferentes segmentos da indústria do turismo, que fornecerão vários serviços e instalações. É possível cobrar taxas pela utilização das várias instalações turísticas propostas em diferentes locais. Existem vários parâmetros associados a este aspeto económico do turismo, tais como

- Despesas diárias
- Tráfego

O CAGR do tráfego é diferente para os passageiros nacionais e internacionais. Com base na tendência passada, foi calculado o tráfego projetado para os turistas nacionais e internacionais.

Quadro 14 Repartição das chegadas de turistas

Year	Tourist Arrival Breakup		% Growth rate	
	Domestic	Foreign	Domestic	Foreign
2009	511561	1277	15.5	(2.8)
2008	442910	1314	7	6
2007	414322	1235		

Existem certos benefícios indirectos das despesas efectuadas no Estado por diferentes segmentos da indústria do turismo, uma vez que estes têm de subcontratar os serviços de outros sectores da indústria para satisfazer as necessidades dos turistas. Esta necessidade adicional do segmento turístico em relação a outros sectores da indústria, conhecida como impacto/benefício indireto do turismo, deve ser tida em conta na elaboração das políticas. Com o aumento do volume de peregrinos e visitantes, podem ser geradas maiores receitas que, por sua vez, podem ser utilizadas para a manutenção da estrutura e das instalações.

Geração de emprego

A indústria do turismo é uma indústria de mão de obra intensiva em comparação com outras indústrias. Tal como indicado no relatório do grupo de trabalho sobre o turismo para o IX plano (1997-2002) (Ministério do Turismo da Índia), cada 1,2 turista internacional dá emprego a uma pessoa e, na mesma linha, 17 turistas nacionais dão emprego a uma pessoa. O impacto económico em grande escala resultante do desenvolvimento do turismo será:

- O desenvolvimento conduzirá à criação maciça de emprego e, por sua vez, melhorará o estilo de vida dos habitantes locais.
- A melhoria das infra-estruturas e a procura criada pelo aumento do tráfego acelerarão ainda mais o desenvolvimento económico da zona.

6.1.2 Impacto social:

O desenvolvimento do turismo no Estado pode trazer alguns benefícios sociais, que podem ser enumerados do seguinte modo

- O reforço/expansão de certos troços da estrada principal e da estrada de serviço, bem como a construção de cafetaria, de serviços à beira do caminho, de alojamento económico e o desenvolvimento de certos produtos novos criarão emprego e melhorarão assim o estatuto social da população local e das localidades vizinhas.

- As prioridades do Governo em matéria de desenvolvimento consistem em colocar a economia numa trajetória de crescimento significativamente mais elevada, que proporcione maiores benefícios económicos no contexto da nova ordem económica e de segurança mundial, mas que também melhore o bem-estar humano, alcance a equidade social, a sustentabilidade e a eficiência

De acordo com o estudo, os turistas estrangeiros estão mais interessados nas zonas tribais, no turismo étnico, na aventura, no turismo da vida selvagem, na cultura e no património, no ecoturismo e no artesanato, ao passo que, por outro lado, os visitantes nacionais ou diurnos estão interessados em locais religiosos, monumentos, instalações de diversão e turismo de lazer. O plano deve centrar-se nestas necessidades. Uma vez que os turistas estrangeiros estão interessados no património e os turistas nacionais nos destinos religiosos, ambos os segmentos devem ser tidos em conta na elaboração das orientações políticas.

A política centrar-se-á nos seguintes domínios:

- Melhoria e criação de infra-estruturas de base adequadas - terrenos, estradas, água, eletricidade, etc.
- Melhoria e aumento das instalações de alojamento, restauração e lazer.
- Aumento dos meios de transporte.
- Comercialização dos destinos para garantir uma utilização óptima das infra-estruturas.
- Criação e reforço de instituições para o desenvolvimento dos recursos humanos.
- Desenvolver políticas adequadas para aumentar as receitas em divisas.
- Promoção das artes e ofícios do Estado.

6.2 Proposta de linhas de orientação política para o "Desenvolvimento do turismo do património religioso em Chhattisgarh"

Há necessidades específicas de desenvolvimento do turismo do património religioso no Estado. O Estado foi identificado com cerca de 30 sítios de importância para o património religioso. A maioria deles sofre de falta de infra-estruturas, comodidades e instalações básicas. A proposta visa a adoção de medidas faseadas para resolver o problema.

6.2.1 Desenvolvimento de infra-estruturas turísticas, conetividade e gestão de destinos:

A existência de boas infra-estruturas é um dos requisitos essenciais para atrair mais turistas, tanto internacionais como nacionais, para qualquer destino turístico. Para além da criação das infra-estruturas, a sua manutenção é igualmente importante. De acordo com o estudo realizado pelo Ministério do Turismo em destinos turísticos selecionados, a indisponibilidade de infra-estruturas de qualidade nesses destinos é uma das principais razões de insatisfação manifestada pelos turistas nacionais e internacionais. A criação de infra-estruturas turísticas teve um efeito multiplicador em termos de crescimento económico global, de criação de emprego face ao investimento e de preservação da arte, da cultura e do património. Os projectos turísticos em zonas subdesenvolvidas contribuíram para a criação de estradas, telecomunicações e instalações médicas, entre outros.

As infra-estruturas para o desenvolvimento do turismo dividem-se em duas categorias: básicas e turísticas. Enquanto as estradas, a eletricidade, a água, os transportes externos e internos, os serviços postais e de telecomunicações, os cuidados médicos, etc., constituem infra-estruturas de base, o alojamento, o restaurante, os serviços de conveniência pública, as excursões organizadas, os serviços recreativos e de guia, etc., constituem infra-estruturas turísticas. A disponibilidade de equipamentos básicos é uma condição prévia para a criação de equipamentos turísticos.

- Devido aos recursos limitados à sua disposição, o Ministério do Turismo não pode criar todas as instalações em todos os locais potenciais. Por conseguinte, a estratégia atual consiste em criar instalações turísticas de forma faseada nos locais onde existem instalações básicas disponíveis.
- Dado que 55% das estradas internas dos destinos turísticos do Património Religioso são más, deve ser dada prioridade ao planeamento de novas estradas de acesso e à manutenção das estradas existentes que proporcionam a ligação às zonas de impulso e a outros destinos de importância turística identificados.
- As comodidades básicas, como o saneamento e o parque de estacionamento, são deficientes em 69% dos casos.
- Serão abertos centros de informação turística em destinos turísticos importantes e populares, como Rajim, Sirpur e Dongargarh.
- Sugerem-se cafetarias e motéis à beira do caminho para os principais circuitos turísticos.
- Os nós devem ser criados perto de centros religiosos, onde já existe uma infraestrutura básica e onde podem ser planeadas viagens de um dia. Por exemplo, Bilaspur pode ser um nó para excursões a Ratanpur, Tala, Mallah e Sheorinarayan.
- Em 70% dos destinos, a oferta de alojamento é escassa. Para resolver o problema do alojamento, devem ser promovidos hotéis económicos em vários nós que possam servir vários locais de importância para o património religioso nessa área
- O desenvolvimento do turismo centra-se normalmente em circuitos de viagem, que são

um conjunto de pontos/locais turísticos adjacentes uns aos outros, de modo a que, quando um turista chega ao ponto de partida de um circuito, é natural que prossiga de um local para o seguinte no circuito. Estes circuitos turísticos devem ser desenvolvidos.

* O aeroporto de Raipur está a ser transformado num aeroporto internacional de pleno direito, a fim de permitir que os turistas internacionais cheguem diretamente a Raipur. Este trabalho deve ser acelerado e tornar-se operacional o mais rapidamente possível.
* Podem ser disponibilizados serviços de transporte entre os locais e o ponto de ligação mais próximo.
* O IPT deve ser encorajado a tornar o transporte facilmente acessível aos peregrinos.

6.2.2 Desenvolvimento dos recursos humanos e reforço das capacidades:

O turismo no país tem potencial para emergir como um motor económico fundamental. Estima-se que o turismo pode gerar emprego a seguir apenas ao sector da construção (Fonte: National Skill Development Corporation (NSDC)). Com o Ministério a visar uma taxa de crescimento de mais de 12 % no número de turistas nacionais e estrangeiros, prevê-se que o sector do turismo crie cerca de 2,5 milhões de postos de trabalho adicionais, diretos e indirectos, durante o período 2010-16. O fornecimento de mão de obra qualificada a este sector torna-se um desafio imperativo e fundamental para o período do 12. Uma vez que a indústria do turismo gera emprego em grande escala, pode contribuir para a elevação social da população. As vantagens do desenvolvimento social e económico direto e indireto da população da região devem ser devidamente tidas em conta.

* Na medida do possível, as populações locais devem ser empregadas nos projectos de turismo que se realizam na zona de desenvolvimento. Mesmo que seja necessária alguma formação/desenvolvimento de recursos humanos, esta deve ser ministrada para permitir o seu emprego. E
* A arte, o artesanato e as competências da região devem ser apreciados e realçados aquando da promoção dessas regiões para fins turísticos.
* Serão organizados periodicamente ateliers de artesãos para demonstrarem os seus conhecimentos aos turistas.
* Na medida do possível, os artesãos devem ter a oportunidade de comercializar diretamente os seus produtos junto dos turistas, ou de os ajudar a comercializar os seus produtos a partir de pontos de venda adequados, de modo a que os artesãos obtenham o máximo rendimento pelos seus produtos. Em suma, deve garantir-se que os artesãos não sejam explorados por comerciantes ou clientes e que obtenham um rendimento adequado.
* Uma parte dos recursos locais pode ser autorizada a ser utilizada pelos artesãos dessa

zona para desenvolver o artesanato e a indústria caseira de teares manuais, por exemplo, uma certa quantidade de madeira florestal deve ser disponibilizada a uma taxa reduzida como compensação para as pessoas locais que estão a ajudar na proteção/conservação das florestas. Os artigos fabricados por esses artesãos devem ser comercializados junto dos turistas que visitam essas zonas. O programa de formação de guias deve ser realizado no âmbito do programa de autoemprego.

Quadro 15 Total de emprego e necessidades

(In lakh)

Year	Total Employment	* Total Annual Requirement
2012-13	47.26	6.26
2013-14	50.94	6.71
2014-15	54.91	7.20
2015-16	59.18	7.72
2016-17	63.79	8.29
Total		36.18

- As empresas de excursões locais devem ser promovidas. As agências governamentais devem ajudar essas agências a criar pacotes turísticos para diferentes circuitos turísticos.
- Promover os habitantes locais/povos tribais como guias e operadores.
- Devem existir regimes que prevejam a formação e a melhoria das competências dos actuais e dos novos prestadores de serviços.
- Será facilitada a formação inicial para os guias de nível regional.
- De acordo com um estudo realizado pelo Market Pulse em nome do MdT, em 2011, as estimativas (provisórias) das necessidades anuais de mão de obra e da oferta (qualificada) no sector da hotelaria e restauração são as seguintes
  - Para colmatar o défice de pessoas qualificadas e não qualificadas no sector do turismo do Estado, serão tomadas várias iniciativas novas. Segue-se um resumo das iniciativas propostas:
  - Melhorar a infraestrutura institucional do ensino da hospitalidade através da abertura de novos institutos de gestão hoteleira e institutos de artesanato alimentar.
  - O ensino da hotelaria e restauração deve ser alargado de modo a abranger as universidades/faculdades, os institutos politécnicos e os institutos de formação industrial.
  - O ensino profissional será ministrado no nível +2 através da CBSE e de outros organismos estatais.
  - As competências dos actuais prestadores de serviços devem ser certificadas através de um processo rigoroso para garantir a qualidade no sector do turismo.

- O CTB deve intensificar os seus esforços de formação para melhorar a atitude e a etiqueta dos actuais prestadores de serviços. Serão especialmente visados os seguintes:

    I.   Táxis e condutores de automóveis   ;
    II. Polícia turística,
    III. Porteiros, e
    IV. Pessoal dos serviços de imigração

- Para facilitar o Programa de Formação de Guias, a CTB deve identificar e selecionar os institutos que podem formar pessoas para serem admitidas como guias;
- Novos sectores a identificar, por exemplo, trabalhadores de restauro de edifícios históricos.
- O número de turistas estrangeiros registou uma queda acentuada devido ao aumento do movimento naxal no Estado. Esta situação constitui uma ameaça para o desenvolvimento do turismo de património religioso no Estado. Por conseguinte, para garantir a segurança e a proteção dos turistas, deve ser destacado um grande número de guardas domésticos da população local.
- A exploração dos turistas e das populações locais deve ser evitada. Para o efeito, devem ser utilizadas as ONG e outros grupos locais.
- O Governo do Estado formará uma organização em conformidade com as diretrizes para a constituição de organizações de facilitação e segurança turística (TFSO) nos Estados/UT.

6.2.3 Publicidade, marketing e promoção:

A publicidade, a promoção e a comercialização dos destinos e produtos turísticos do país são necessárias para atrair turistas estrangeiros, bem como para aumentar o número de visitas de turistas nacionais. O Ministério do Turismo efectua a promoção e a publicidade através de dois regimes, a saber: (i) promoção e publicidade no estrangeiro, incluindo o regime de assistência ao desenvolvimento da comercialização e (ii) promoção e publicidade internas, incluindo a hospitalidade.

- Chhattisgrh está a promover o turismo sob a marca "Credible Chhattisgarh". Numa tentativa de alargar o alcance desta iniciativa, o Ministério
- empreenderá actividades de promoção conjuntas no país e no estrangeiro em sinergia com outros ministérios/organizações.
- O Ministério do Turismo promoverá anúncios televisivos (TVC) / filmes, bem como criativos para publicidade impressa.

- O CTB deve assumir um papel catalisador, actuando como câmara de compensação de informação, produção e distribuição de brochuras, literatura, etc. Para além disso, o departamento abrirá os seus escritórios em várias cidades importantes da Índia para fornecer publicidade e informações turísticas, bem como pacotes, circuitos, tarifas, etc.

  - As informações sobre o significado mitológico dos locais de peregrinação devem ser fornecidas com antecedência, para que os turistas estejam mais bem preparados. As danças tradicionais, a música e o teatro relacionados com o santuário religioso terão de ser incluídos no itinerário. Discursos sobre a essência das crenças religiosas, workshops sobre ioga e práticas ayurvédicas podem acrescentar imenso valor ao turismo do património religioso.

  - Deve ser identificada uma agência de gestão dos meios de comunicação social para tratar eficazmente das questões de publicidade. Do mesmo modo, devem ser contratados gestores de eventos para organizar eventos turísticos de forma mais profissional.

- Anúncios atractivos e inovadores. Devem ser publicados em periódicos e jornais diários para promover Chhattisgarh como destino turístico.

- O sítio Web do turismo de Chhattisgarh deve ser renovado para destacar os produtos turísticos do Estado e atrair cibervisitantes. O sítio Web deve indicar claramente a importância dos sítios do património religioso, a sua conetividade, as infra-estruturas em termos de alojamento, o período de visita, os pormenores dos festivais e das feiras, o nome dos operadores, a disponibilidade de guias, a duração adequada, juntamente com as componentes de custo para o turista económico.

- Será preparado um CD com vislumbres de diferentes temas. Este será igualmente dobrado / legendado noutra língua estrangeira.

- O Turismo de Chhattisgarh participará em festivais de turismo no estrangeiro, como o Festival Nirvan Puspagiri em Banguecoque, o Leisure Moscow em Moscovo, a convenção PATA em Kualampur e a WTM em Londres, etc., para promover Chhattisgarh como destino turístico.

- Devem ser organizadas exposições itinerantes nas capitais dos Estados vizinhos e o Turismo de Chhattisgarh deve participar em feiras de viagens e feiras estatais de outros Estados do país.

- Enquanto Rajim Kumbh, Chakradhar Samaroh, Bhoramdeo e Sirpur Utsave são organizados diretamente pelo Ministério do Turismo, Chhattisgarh Tourism apoiará outras feiras culturais e patrimoniais.

  - Para atrair turistas de alto nível, o Conselho de Turismo deve centrar-se em determinados temas/produtos.

  - Prestar serviços de informação turística em vários pontos de chegada, como o porto aéreo, a estação ferroviária e as paragens de autocarro.

- A CTB tomará iniciativas para abrir Centros de Turismo em todas as principais cidades do país e do estrangeiro.
- Serão organizadas exposições itinerantes nos mercados ultramarinos com os governos dos Estados para promover os seus destinos e produtos turísticos.

6.2.4 Turismo Sustentável e Turismo do Património Religioso:

- Devem ser realizados inquéritos/estudos no Estado para (a) recolher e compilar informações sobre o património imaterial, (b) mapear os requisitos destes patrimónios para o desenvolvimento planeado, e (c) preparar uma lista de todos os sítios e edifícios patrimoniais em associação com o INTACH e outras organizações a nível nacional.
- Deverá ser desenvolvida uma estratégia, em consulta com o Ministério da Cultura, as ONG e os peritos que trabalham na proteção e preservação dos sítios do património, para a inclusão dos monumentos do Estado e de outros sítios do património na lista dos "Sítios do Património Mundial".
- Para todos os projectos turísticos realizados em sítios do património com financiamento central
- assistência, a regulamentação de actividades, como serviços de alimentação e bebidas, espectáculos de luz e som, compras, entretenimento, etc., nos sítios e nas suas imediações deve ser obrigatória. Uma parte dos fundos gerados num sítio através destas actividades deve ser destinada à manutenção e ao desenvolvimento desse sítio.
- Gabinetes da administração central e estatal em zonas urbanas situadas em zonas históricas
- edifícios, devem ser deslocados e os edifícios devem ser utilizados para actividades relacionadas com o turismo.
- A introdução de serviços de valor acrescentado, incluindo espectáculos áudio/vídeo, guias áudio automatizados, etc., nos sítios do património deve ser incentivada e
- apoiado financeiramente pelo Ministério.
- O turismo do património religioso é gerado com um elevado valor emocional, quer pela religião quer pelo passado. Na maior parte das religiões da Índia existe um conceito de sustentabilidade. Assim, é importante seguir os princípios da sustentabilidade para manter o valor religioso e patrimonial dos destinos.
- Deve ser adoptada uma abordagem de planeamento ambiental para alcançar o desenvolvimento sustentável.
- Os aspectos ambientais devem ser cuidadosamente considerados para determinar o tipo e a localização mais adequados para o desenvolvimento.
- Devem ser identificadas tanto as zonas ecologicamente sensíveis como as menos sensíveis, e devem ser sugeridas actividades turísticas limitadas e um microplaneamento cuidadoso para as zonas ecologicamente sensíveis.
- Os locais como os centros religiosos, os pontos de passagem e os centros urbanos

(nós), susceptíveis de serem sujeitos a pressões devido à elevada população flutuante, necessitam de construir infra-estruturas adequadas e desenvolver sistemas de gestão ambiental para gerir problemas como a poluição atmosférica e sonora, os resíduos sólidos e a deposição de lixo, a descarga de águas residuais e a poluição arquitetónica/visual.

- Como parte da estratégia para promover o desenvolvimento sustentável e, especificamente, para minimizar o impacto ambiental adverso desse desenvolvimento turístico, deve ser seguida uma estratégia em três vertentes:
- Criar uma célula de AIA no CTB para a autorização de todos os projectos turísticos, comerciais ou de infra-estruturas, antes da sua aprovação para execução. Deve ser realizado periodicamente um estudo para avaliar o impacto ambiental em todos os destinos sensíveis do ponto de vista ambiental.
- Educar os turistas nacionais e estrangeiros no sentido de minimizar o impacto ambiental adverso, incentivando a utilização de materiais amigos do ambiente/recicláveis em zonas sensíveis do ponto de vista ambiental.
- Educar os residentes locais e a indústria hoteleira sobre o possível impacto ambiental adverso e também sobre o seu custo económico para a sociedade. Deve ser assegurado que, se a educação não ajudar a minimizar os impactos, deve ser previsto um recurso legal e uma sanção para as pessoas que violem essas disposições legais ao danificarem o ambiente.

- A autoridade estatal de controlo da poluição deve também desempenhar um papel crucial e desenvolver uma estratégia preventiva, em vez de tomar medidas curativas após os danos.
- A maioria das actividades religiosas indianas gera resíduos em grande escala. O estudo indica a inexistência de um sistema de eliminação de resíduos sólidos em 69% dos destinos. Assim, deve ser implementado um sistema adequado de gestão de resíduos sólidos nos sítios de importância patrimonial religiosa.
- As estátuas escavadas nos sítios do património devem ser objeto de uma proteção adequada, como a criação de um museu.
- As necessidades básicas, como a eletricidade, devem ser fornecidas.
- Deve ser assegurada a conservação do solo nos sítios de conservação e de património.
- Nos sítios do património, devem ser tomadas medidas como o desenvolvimento de espaços verdes para embelezamento e conservação do solo.
- Devem ser tomadas medidas de iluminação de fachada nos sítios do património.
- Para concetualizar um sistema/esquema de Turismo Sustentável, os critérios para
- Índia (STCI), a MOT nomeará um consultor principal. O Governo do Estado
- aproveitará para apresentar um plano operacional pormenorizado para a aplicação das ICST.

6.2.5 Coordenação entre várias agências a nível central e estatal para o desenvolvimento do turismo

O objetivo da política de desenvolvimento do turismo é assegurar um desenvolvimento planeado do turismo no Estado. O plano diretor prevê um investimento máximo por parte do sector privado, que não se concretiza por várias razões. Verificou-se que a assistência e a cooperação de muitos departamentos são uma condição prévia para motivar qualquer empresário a investir no sector do turismo em Chhattisgarh.

- Pode ser constituído um comité sob a presidência do ministro-chefe
- com membros dos ministérios em causa, como a Cultura, a Aviação Civil, os Transportes Rodoviários e as Auto-estradas, o Desenvolvimento Urbano, etc.
- O comité preparará e acompanhará vários projectos relacionados com o turismo de forma abrangente.
- O processo de aprovação de projectos relacionados com o turismo em zonas turísticas especiais deve ser implementado numa única janela.
- Deve ser adotado um sistema centralizado de reservas, ou seja, um mecanismo de janela única que ligue todos os PWD/bungalows florestais/casas de hóspedes e bungalows turísticos/OTDC para hotéis e bungalows turísticos, em que as reservas podem ser decididas com base nas respectivas atribuições, que devem ser previamente decididas em consulta com todos os funcionários.
- O departamento de turismo deve melhorar o sistema de apoio com a cooperação dos operadores turísticos autorizados. Os serviços necessários incluem centro de facilitação, guia aprovado, fotografia, brochura sobre o circuito específico e o local, instalações para deixar o turista à vontade, etc.
- De acordo com as orientações do relatório anual de 2012 do Ministério do Turismo, os Estados e as unidades territoriais ultraperiféricas devem acelerar a criação de um conselho de promoção e desenvolvimento da hospitalidade (HPDB) durante o 12.º plano, a fim de facilitar a autorização de um balcão único para vários projectos turísticos.
- Pode também ser constituído um comité sob a presidência do Secretário de Estado para resolver questões interdepartamentais.

6.2.6 Tributação, incentivos e facilitação no sector do turismo

Os projectos do sector do turismo de capital intensivo, tais como o desenvolvimento de destinos (estradas, sinalização, relocalização de estabelecimentos comerciais, iluminação, instalações para hóspedes, ligações de transportes locais, paisagismo, escritórios de gestão, estacionamento, etc.), continuam a ser comercialmente inviáveis e necessitam de financiamento público. Outros projectos, como a criação de hotéis, centros de convenções, campos de golfe, comboios turísticos, etc., têm normalmente períodos de gestação substanciais e tornam-se economicamente viáveis em períodos superiores a 12-15 anos. É igualmente necessário que essas infra-estruturas sejam geridas pelo sector privado através de um processo transparente. A fim de atrair turistas, é necessário que estas infra-estruturas sejam criadas, em medida suficiente, através da iniciativa privada, actuando o Governo como facilitador e catalisador

Para além do cofinanciamento de tais projectos. Chhattisgarh - Directorate of Tourism indicou claramente que o seu papel é o de um facilitador e não o de um operador. Por conseguinte, o Estado não tenciona continuar a investir em projectos turísticos. Contudo, investirá inicialmente em algumas infra-estruturas de apoio ao turismo para o desenvolvimento do turismo em zonas remotas até que esses projectos se tornem economicamente atractivos para a participação do sector privado. No que respeita às propriedades herdadas pelo departamento de turismo do MPSTDC, o Estado gostaria de contar com a participação do sector privado. Contudo, o Estado não formulou uma estratégia ou um plano para a sua privatização. Assim, tendo em conta os factos acima referidos, devem ser tomadas as seguintes medidas

- Sugere-se que o Estado adopte um papel de apoio e incentive a privatização das propriedades turísticas que lhe pertencem.
- Neste contexto, vários departamentos governamentais ajudarão a fornecer infra-estruturas de base, como estradas, eletricidade e água, bem como autorizações ao abrigo de várias leis, regras e disposições. Sem estas infra-estruturas, é difícil mobilizar o investimento privado.
- O desenvolvimento e a privatização de propriedades pertencentes a outros departamentos governamentais em destinos turísticos também devem ser considerados em consulta com os respectivos departamentos.
- O Governo deve igualmente formular uma política de turismo para incentivar os investidores privados. Devem ser envidados esforços intensos para atrair investidores privados de outros Estados e países, incluindo os NRI, para investirem no sector do turismo.
- O Departamento de Turismo, juntamente com outros departamentos, terá de desempenhar um papel ativo no sentido de garantir um processo de autorização simples e claro, o acesso à informação, planos, etc.
- O pacote de incentivos para promover o investimento privado no sector do turismo deve ser concebido com o apoio de outras instituições financeiras. Estas podem ser escolhidas entre as opções de incentivo disponíveis, tais como: sector prioritário, bonificação de juros, isenções do imposto sobre o rendimento, subvenção de capital para hotéis históricos, etc.
- Para promover o turismo em destinos inexplorados do Património Religioso, devem ser tomadas algumas disposições especiais, tais como convidar a participação privada através de incentivos promocionais como :

- Terrenos gratuitos por um período de 8 a 10 anos [propriedade do Estado] para a construção de um hotel com 40 a 50 camas. Conceder incentivos operacionais, tais como :
    I. LT T ransformador [Linha eléctrica]
    II. Perfurar poço [água]
    III. Veículo [isenção do imposto sobre vendas].
    IV. Isenção do imposto sobre o luxo e do imposto sobre o entretenimento por um período de 5 anos.
        V. Fornecer mini-autocarros gratuitos para os serviços de trânsito em que
        VI. Bonificação de juros
        VII. Providenciar/ providenciar a carta de condução
        VIII. O combustível e a manutenção ficam a cargo do operador.
- É necessário reforçar as principais artérias, as estradas de serviço e as estradas internas, para o que se deve tirar partido da assistência central ou do PMGSY.
- O CTB deve tirar partido da participação do sector privado nos trabalhos de conservação
- Deve ser formulada uma estratégia para motivar o sector privado a empreender este tipo de trabalho em relação a monumentos populares entre os turistas.
- A participação do sector privado deve também ser procurada para a manutenção e limpeza dos monumentos e instalações.
- A cobrança do imposto de luxo sobre o alojamento em hotéis é uma questão de Estado. Os governos estaduais/UT têm competência para cobrar o imposto de luxo sobre as tarifas hoteleiras. O imposto sobre o luxo em vários Estados varia entre 4% e 20%, o que representa um vasto leque. Dado que Chhattisgarh é um Estado em desenvolvimento em termos de desenvolvimento do turismo, o Estado deve adotar uma taxa de serviço mais baixa.
- O limite mínimo para o imposto de luxo deve ser aumentado para, pelo menos, Rs 2000/-
- O Estado pode tomar medidas como o aumento da taxa de ocupação do solo (FAR) para projectos turísticos.

6.2.7 Estudos de mercado e estatísticas do turismo

- Para criar uma consciência adequada sobre a importância do sector do turismo no desenvolvimento económico do país, na criação de emprego, nas receitas em divisas, nos benefícios para os diferentes segmentos da sociedade, etc., é necessária a divulgação precisa e atempada de vários tipos de estatísticas sobre o turismo. Embora o turismo contribua significativamente para o PIB do país, bem como para a criação de emprego, a base de dados sobre os diferentes sectores do turismo precisa de ser muito melhorada. A execução efectiva do projeto turístico tem lugar a nível estatal. No entanto, o Estado não dispõe de um mecanismo adequado para a recolha de estatísticas de turismo corretas. Esta deficiência deve ser colmatada através da reorganização do centro de recolha de dados do

Estado.

- Serão realizados inquéritos em importantes mercados de origem de turistas estrangeiros e nacionais que visitam Chhattisgarh para conhecer as suas preferências relativamente aos produtos e destinos turísticos.
- Será igualmente efectuada uma avaliação simultânea e do impacto das estratégias de marketing e das campanhas publicitárias lançadas pelo Ministério do Turismo.
- Devem ser realizados estudos periódicos para avaliar as necessidades de mão de obra no sector da hotelaria, as necessidades em termos de quartos de hotel, etc.
- Serão realizados inquéritos para conhecer a experiência dos turistas nacionais em destinos turísticos importantes e avaliar a campanha nacional lançada pelo Ministério do Turismo.
  - Para efeitos de marketing e publicidade, o serviço organiza e/ou apoia feiras e festivais de turismo, providencia a publicação de anúncios e artigos atraentes nos meios de comunicação social, produz brochuras informativas, mapas, audiovisuais, CD-ROM, etc., oferece hospitalidade a escritores de viagens, operadores turísticos, etc. O Serviço prosseguiu esta atividade de forma regular.

6.2.8 Combinação de actividades

- O aspeto importante a ter em conta é o de proporcionar aos turistas uma experiência religiosa holística. O inquérito primário indica que os turistas querem incluir qualquer outra atividade durante as suas viagens religiosas. As actividades incluem compras, entretenimento, espectáculos informativos, etc.
- Terá de ser preparada uma viagem organizada que ofereça os diferentes matizes do turismo religioso. Para o efeito, será necessário combinar a parte ritualista das viagens religiosas com elementos informativos, culturais e filosóficos.
- Por conseguinte, é necessário incluir uma variedade de actividades turísticas na elaboração dos circuitos turísticos. Foi assim que se manteve pelo menos uma atividade mista nos circuitos turísticos propostos para o turismo do património religioso.
- Serão organizados espectáculos de luz e som/laser em vários locais do património religioso, como Chandrakhuri, Ratanpur e Rajim, representando o contexto mitológico/histórico do local.

- Será criado um museu no local em vários locais de importância para o património religioso, nomeadamente Sirpur, Tala e Mallahar.
- O desenvolvimento de pacotes turísticos com várias opções será, sem dúvida, uma grande poupança de tempo e dinheiro para os turistas. Estes devem ser concebidos tendo em conta a tendência passada do afluxo de turistas e promovidos através de um operador autorizado.
- Serão criados haats em vários locais para dar mais sabor à viagem. Estes haats também proporcionarão uma plataforma para a arte e o artesanato locais, como a arte em terracota, a

arte em sino metálico e a arte em bambu.

- O Estado de Chhattisgarh é rico em várias formas de artes performativas, nomeadamente Pandvani, Sua Naach, Raut Nach e várias outras formas de artes performativas tribais. Estes espectáculos podem ser organizados em locais de importância para o património relogioso durante a noite.

- Alguns circuitos, como Raipur - Rajim - Champarannya - Arang -Sirpur e Sheorinarayan - Kahrod - Malhar - Bilaspur - Talagaon - Bhoramdeo - Raipur, podem ser desenvolvidos como zonas especiais de torsm.

- Todas as instalações de alta qualidade podem ser disponibilizadas nesta zona para atrair turistas com rendimentos mais elevados. Isto abrirá as portas para os HNI's, que são o principal objetivo do governo estatal.

- O desenvolvimento da frente ribeirinha deve ser efectuado em Rajim e Sirpur.

6.2.9 Faseamento e gestão

Embora todo o Estado tenha um grande potencial turístico. Não será adequado iniciar o desenvolvimento em todo o Estado simultaneamente devido a restrições de fundos e outras limitações. A política de desenvolvimento pode ter três fases com base na prioridade da procura de desenvolvimento e na magnitude dos vários projectos de desenvolvimento.

- A curto prazo, é a primeira fase que abrange um período de cinco anos. Os projectos que já foram aceites pelo CTB serão concluídos dentro deste prazo. Ao mesmo tempo, os projectos prioritários identificados serão planeados em pormenor durante esta fase. A tónica será colocada no desenvolvimento de infra-estruturas operacionais nos pontos/circuitos turísticos.

- O plano a médio prazo concentra-se no desenvolvimento de novos destinos turísticos. O controlo das tarefas executadas é igualmente necessário para manter os padrões e as receitas.

- O principal objetivo do plano a longo prazo é a avaliação do desempenho dos projectos executados a curto e médio prazo. Qualquer desvio em relação ao objetivo deve ser tratado antes que se atrase e se torne irreversível.

- Poderá ser criada uma task force especial sob a presidência do Secretário e do Diretor do Turismo, juntamente com outros membros essenciais, para uma coordenação e execução eficazes, bem como para o acompanhamento das actividades entre os vários departamentos e agências governamentais, a fim de acelerar o processo de tomada de decisões e de tomar medidas corretivas no local e aplicá-las.

- Para que todo o sistema seja orientado para os resultados, é necessário que exista um forte sistema de feedback e de controlo.

6.2.10 Plano a curto prazo

Esta é a primeira fase, que se estende por um período de cinco anos. Prevê-se que os projectos que já foram aceites pelo CTB sejam concluídos durante este período. Ao mesmo tempo, os projectos prioritários serão planeados em pormenor durante esta fase. Estes podem ser enumerados da seguinte forma:

- Desenvolver as infra-estruturas operacionais no Estado através da construção de estradas internas nos destinos e da melhoria e manutenção das estradas externas.
- Devem ser planeadas estradas de luto para as estradas de aproximação nos locais.
- Saneamento e comodidade do público nos pontos de venda e nos pontos de passagem.
- Instalação de água potável em vários pontos.
- Fornecimento de eletricidade na localidade em que se situam os locais turísticos.
- Devem ser envidados esforços para desenvolver as infra-estruturas básicas de ligação. Do mesmo modo, outras zonas deveriam ser ligadas por caminho de ferro, nomeadamente Jagdalpur, Kanker e Kondagaon.
- Água potável e saneamento nos circuitos/pontos mencionados.

- Instalações de alojamento e cafetaria económicas, bem como segurança.
- Identificar as zonas turísticas onde a participação privada pode ser solicitada em função da viabilidade do produto/zona
- Os projectos de desenvolvimento de novos circuitos terão a máxima prioridade nesta fase.

6.2.11 Plano a Médio Prazo

Nesta fase, os produtos e os artigos identificados na política devem ser expedidos.

- O haat urbano, o espetáculo de luz e som e a criação de um museu no local serão retomados.
- Melhorar as infra-estruturas de comunicação, como a conetividade por satélite, a difusão do telefone, a conetividade móvel em vários pontos, a ligação por cabo a vários pontos de interrupção, etc.
- A partilha de informações e a ligação em rede de vários serviços devem ser implementadas para que qualquer pessoa, em qualquer lugar, possa ter acesso a informações relevantes e necessárias. Isto reforçará a imagem do organismo regulador do Estado, atraindo, por sua vez, visitantes mais conscientes para o Estado.
- Deve ser dada ênfase à criação de algumas instituições de desenvolvimento para o sector do turismo e da hotelaria. Os índices de satisfação devem ser mantidos e analisados regularmente. Isto deve ser feito através dos habitantes locais para servir tanto o objetivo de desenvolvimento da área como o desenvolvimento do turismo.

- Plano a longo prazo
- Esta fase actuará como a espinha dorsal da política. As principais tarefas desta fase são:
- Avaliação do desempenho das estratégias implementadas durante o plano a curto e médio prazo.
- O departamento de turismo deve realizar planos de desenvolvimento comunitário e coordenar-se com outros departamentos relacionados, a fim de gerar a maior parte das estratégias aplicadas a curto e médio prazo.
- Os locais devem ser reclassificados de acordo com o interesse turístico e o respetivo afluxo. Os pontos quentes identificados devem ser corretamente promovidos para atrair turistas mais diversificados.

6.3 Conclusão e âmbito futuro:

Os dados indicam que se registou um crescimento acentuado de 15,5% nas chegadas de turistas nacionais no ano de 2009, em comparação com 7% no ano anterior. Na Índia, o turismo religioso e o turismo patrimonial representam uma grande parte do turismo interno total. O estudo indica claramente que existem imensas possibilidades de desenvolvimento do turismo religioso e patrimonial no Estado de Chhattisgarh.

Para além dos sítios do património religioso do Estado, há uma boa margem para o turismo florestal. A percentagem de turistas que procura um turismo de natureza mista, pelo que os santuários florestais e de vida selvagem foram mantidos no circuito turístico proposto como circuito opcional. A combinação de outras actividades, como as compras, o entretenimento e o desenvolvimento de áreas grandes/especiais, pode melhorar a experiência de viagem.

São identificados alguns nós, a partir dos quais é possível percorrer vários destinos como excursões de um dia. Estes nós devem ser reforçados em termos de alojamento, transportes e rede rodoviária. No que respeita ao alojamento, deve ser dada prioridade aos hotéis económicos, uma vez que a maior parte dos turistas que viajam por motivos religiosos necessitam de pacotes a preços acessíveis. (Esta medida segue igualmente a "Política de turismo a favor dos pobres", definida no documento de abordagem do plano quinquenal 12th)

Devem ser desenvolvidas outras comodidades e instalações no local nos destinos.

Os novos destinos identificados são publicitados através da imprensa escrita e dos meios audiovisuais.

Referências

1.1 Referências de livros

1. Dakshin Kosala style-II: Panduvamsis of Sripura and Nalas por M.A. Dhaki e M.W. Mistor (na Enciclopédia da Arquitetura dos Templos Indianos)
2. Os Templos de Rajim por Moreshwar G. Dixit (Artigo na coleção de Templos de Mukhilingam por Douglas Barrett)
3. Chhattisgarh ka Samagra Itihaas pelo Dr. Bhagwan Singh Verma
4. Informações sobre o Rajim Lochan Mahotsav do Ministério da Cultura e do Turismo, Comité de Planeamento do Mahotsav, Raipur Chhattisgarh.
5. Sampath, MD (2001), Epigraphs of Madhya Pradesh, Archaeological Survey of India, Nova Deli
6. Relatório da A.S.I. do Círculo Ocidental.
7. Rajim- por Shri Vishnu Singh Thakur
8. Douglas E, Barrett, Moureshwar Gangadhar Dikshsit, Instituto Memorial Bhulabhai, Bombaim
9. Conservação do Património: Preservação e Restauro de Monumentos por N.L. Batra

1.2 Documentos referenciados

1. Documento do fórum ICCROM 2003 Conservação do património religioso vivo: Conservar o sagrado por Herb Stovel, Nicholas Stanley- price, Robert Killick
2. Artigo sobre " understanding Tourism at Heritage Religious Sites" de Daniel Levi e Sara Kocher, publicado em " focus" 2009, Volume VI.

1.3 Revistas/Periódicos referidos

1. Relatório ASI de Beglar (1881-82)
2. Cunningham, Alexander (1872), Report of a Tour in Bundelkhand and Malwa and in the Central Provinces (Vol VII), Archaeological Survey of India, Nova Deli.
3. Cunningham, Alexander (1881), Report on Tours in the Central Provinces and Lower Gangetic Doab in 1880-81 (Vol XVII), Archaeological Survey of India, Nova Deli.
4. Lal, Hira (1916), Descriptive list of Inscriptions in the Central Provinces and Berar, Government Press, Nagpur.
5. Mirashi, V V (1955), Corpus Inscriptionum Indicarum Vol IV parte 2, Archaeological Survey of India, Nova Deli.
6. Relatório Administrativo 2010-2011, Governo de Chhattisgarh, Departamento de Turismo

7. (Prashashnik Prativedan 2010-2011)

8. Relatório do grupo de trabalho sobre turismo, 12th plano quinquenal (2012-17), Ministério do Turismo do Governo da Índia.

9. Relatório sobre a política de turismo de Chhattisgarh, Governo de Chhattisgarh.

10. Relatório intercalar sobre a identificação de circuitos turísticos em Chhattisgarh, apresentado ao Departamento de Turismo de Chhattisgarh.

11. 20 years Prospective Plan for The state of Orissa, Ministério do Turismo e da Cultura

12. (Departamento de Turismo, Orrisa)

13. Artigos de jornais - INTACH.

14. Dados não publicados do Gabinete de Planeamento Urbano e Rural, Raipur, Chhattisgarh.

15. Dados demográficos do Revenue Department, Raipur, Chhattisgarh.

16. Dados demográficos do Gabinete de Planeamento Urbano e Rural, Raipur, Chhattisgarh

17. Artigos do "Jornal Deshbandhu" (ver anexo)

18. Artigos do "Dainik Bhaskar Newpaper" (ver anexo)

19. Artigos do "The Hindu Newspaper" (ver anexo)

20. Artigos de : Navbharat newpaper" (ver anexo)

1.4 Teses e Dissertações Referidas

1. Tese: Sirpur to Rajim por Donald Martin Stadtner (Instituto Americano de Estudos Indianos, Gurgaon)

2. Tese, 1991: Rajim ka Parichay (Departamento de Arqueologia e Estudos Históricos, Universidade Ravi Shankar, Raipur, Chhattisgarh)

3. Tese 2007: Conservação do Complexo do Templo Rajim Lochan (Departamento de Arquitetura, NIT Raipur, Chhattisgarh) Por Sayan Mukharjee

4. Tese 2007: Desenvolvimento de infra-estruturas para Rajim Kumbh, Chhattisgarh

5. (Departamento de Arquitetura, NIT, Raipur, Chhattisgarh) por Aayushi Purohit.

1.5 Referências Web:

1. http://en.wikipedia.org/wiki/Madhya_Pradesh

2. http://m.oifc.in/Uploads/MediaTypes/Documents/Orissa- Contribuição.pdf

3. http://www.orissa.gov.in/tourism/activity/activity.pdf

4. http://puratattva.in/2011/06/28/rahun-orataga-of-chhattisgar\h- 166.html

5. http://en.wikipedia.org/wiki/Heritage_tourism

6. http://info.newkerala.com/top-travel-destinations-of-the- world/main-types-of-

7. tourism.htmlhttp://cg.gov.in/tourism/tourism1.htm

8. http://visitcg.in/index.php/home/aboutcg.html

9. http://visitcg.in/index.php/download.html

10. www.chhattisgarhtourism.net

11. www.cgculture.in

12. cg.gov.in/tourism/tourism1. html

yes
I want morebooks!

Buy your books fast and straightforward online - at one of world's fastest growing online book stores! Environmentally sound due to Print-on-Demand technologies.

Buy your books online at
www.morebooks.shop

Compre os seus livros mais rápido e diretamente na internet, em uma das livrarias on-line com o maior crescimento no mundo! Produção que protege o meio ambiente através das tecnologias de impressão sob demanda.

Compre os seus livros on-line em
www.morebooks.shop

info@omniscriptum.com
www.omniscriptum.com

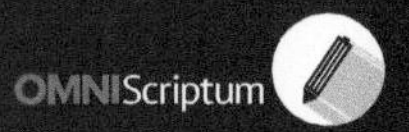